铁皮石斛
原生态栽培技术

罗仲春　罗斯丽　罗毅波　编著

中国林业出版社

图书在版编目（CIP）数据

铁皮石斛原生态栽培技术 / 罗仲春，罗斯丽，罗毅波编著. —北京：中国林业出版社，2013.6（2020.12重印）

ISBN 978-7-5038-7065-1

Ⅰ.①铁… Ⅱ.①罗… ②罗… ③罗… Ⅲ.①石斛－栽培技术 Ⅳ.①S567.23

中国版本图书馆CIP数据核字(2013)第116654号

出　　版：	中国林业出版社
地　　址：	北京西城区刘海胡同7号（100009）
网　　址：	http://lycb.forestry.gov.cn
Email：	hzm_bj@126.com
电　　话：	（010）83143517
制　　版：	北京美光制版有限公司
印　　刷：	河北京平诚乾印刷有限公司
版　　次：	2013年7月第1版
印　　次：	2020年12月第7次
开　　本：	880mm×1230mm　1/32
印　　张：	3
字　　数：	89千字
定　　价：	25.00元

作者简介

罗仲春

男,1935年2月生,湖南省安化县人,高级工程师。曾任湖南省新宁县林业局总工程师,湖南省人大代表。从事林业工作49年,发表论文65篇;获科研成果奖项21项,其中省、部级科学技术进步奖5项;特别对银杉、南方红豆杉、木兰科植物的栽培繁殖研究颇有成就。长期从事植物的考察和标本采集,对湖南省新宁县的植物区系非常熟悉。曾被授予全国农林科技推广先进工作者、省劳模、省优秀中青年专家称号。1991年起享受国务院政府特殊津贴。

罗斯丽

女,1987年6月生,湖南省新宁县人。中南林业科技大学家具与艺术设计学院在读硕士研究生,研究方向:公共艺术。

罗毅波

男,1964年8月生,中国科学院植物研究所研究员,协同进化与生态适应研究组组长,博士生导师;国际自然保护联盟(IUCN)兰花专家组(OSG)亚洲区委员会主席、国际兰花委员会(世界兰花大会)委员、中国植物学会兰花分会理事长。曾在湖南省新宁县林科所工作7年,主要从事珍稀树种的引种驯化和野外植物考察工作。后在中国科学院研究生院获得硕士和博士学位。1999年博士论文获中国科学院院长奖学金特别奖。目前在中国科学院植物研究所系统与进化植物学国家重点实验室工作。主要从事协同进化和生态适应、中国兰科植物多样性和保护等方面的研究。发表科研论文132篇,参与专著编写14部。获科研成果奖5项,其中省、部级科学技术进步奖3项,中国科学院自然科学进步奖一等奖1项,国家自然科学进步奖二等奖1项。

国家科技支撑计划 (十二五) 课题 (2012BAC01B05-3) 和 (十一五) 课题 (2008BAC39B05) 资助。

The project was supported by National Key Project of Scientific and Technical Supporting Programs funded by the Ministry of Science and Technology of China (No. 2012BAC01B05-3) and (No. 2008BAC39B05)

PREFACE
前 言

铁皮石斛（*Dendrobium officinale* Kimura et Migo）属兰科石斛属珍稀植物[注：根据刘仲健等人（2011）的分类学考证，铁皮石斛的拉丁学名应该为 *Dendrobium catenatum* Lindl.]。它生长在森林环境中，常附生悬崖石壁或大树上，具有很高的药用、生态、观赏价值。目前铁皮石斛野生资源极少，濒临灭绝，科学家们利用高科技手段，在"种子—试管苗"阶段取得了突破性的进展，但是试管苗栽培种植模式的探索停留在人工大棚设施种植模式。人工大棚设施种植模式投资大、成本高、栽培管理技术要求苛刻，适用于公司性质的工厂化规模化生产。

具有操作简便、投资成本低廉、分散并且种植面积小等特点的，适用于广大农村群众栽培的方法，目前尚未见系统整理和报导。开展林下自然床式、坡地自然床式、树体原生态和丹霞石壁原生态栽培模式，是农民种植铁皮石斛的较好模式。与我国南方和西南地区贫困连片山区一样，新宁县是一个相对贫困的山区县，"空巢化"现象较为严重和普遍；养老、留守人群的生活保障等社会问题显得尤为尖锐。而铁皮石斛的种植，需要精细管理，比较适合老年人和妇女；特别是铁皮石斛种植

▲生长在丹霞石壁上的崀山野生铁皮石斛

前言

后,至少可以连续收获15～20年,这种低成本,长收效期的特性,非常适合经济条件欠佳的留守人群。

本书系统总结了我们5年多来在新宁县开展铁皮石斛各种栽培模式的经验和教训,详细记录了铁皮石斛从瓶苗开始到采收等各个环节的操作方法和技术。希望这些源自第一手栽培经验的资料能为我国铁皮石斛栽培模式的多样化提供帮助;同时希望本书简单朴素的语言以及140多幅第一手彩色照片和绘图能帮助更多的人较为容易地掌握铁皮石斛不同栽培方法和模式的关键技术和要领,使得铁皮石斛成为我国南方和西南贫困连片山区中的当地居民脱贫致富、保护和建设生态环境的一个重要平台和途径。最后,我们认为铁皮石斛多样化的栽培模式将为社会提供多样化的产品,满足不同人群的差异化需求,从而为铁皮石斛产业发展提供新的机会。

编著者

2013年5月

CONTENTS
目 录

作者介绍
前　　言

1 概述 / 9

2 铁皮石斛的价值 / 13
　　一　观赏价值 / 13
　　二　生态价值 / 14
　　三　药用价值 / 16

3 铁皮石斛的生物学特性 / 17
　　一　形态特征 / 17
　　二　特化现象 / 18
　　三　物候特点 / 19

4 铁皮石斛原生态栽培技术要点 / 21
　　一　栽培场地的选择 / 21
　　二　搭建荫棚，做好栽植床，建防雨防寒棚 / 23
　　三　铁皮石斛栽培基质配方 / 33
　　四　铁皮石斛栽植前的准备工作 / 37
　　五　铁皮石斛的栽植 / 39
　　六　铁皮石斛栽植后的田间管理 / 40
　　七　病虫害防治 / 46
　　八　铁皮石斛的越冬管理 / 64
　　九　铁皮石斛发生药害、肥害造成僵化苗的解救方法 / 66

目 录

5 铁皮石斛的原生态栽培 / 67
    一 崖壁原生态栽培 / 67
    二 树体原生态栽培 / 69
    三 林下栽培 / 70
    四 不同栽培模式需要选用不同的栽培基质 / 71
    五 不同种源的高生长高峰期不同 / 72

6 铁皮石斛的采收 / 73

7 铁皮石斛的使用方法介绍 / 74

8 新宁县铁皮石斛栽培生长情况 / 75
    一 湖南省新宁县具有发展石斛产业的优越自然条件 / 75
    二 新宁县铁皮石斛栽培生长情况 / 83

参考文献 / 93

后　记 / 95

致　谢 / 96

1 概　述

石斛属 (*Dendrobium*) 是兰科植物中最大属之一，约有1100种；广泛分布于亚洲至大洋洲地区，尤以喜马拉雅地区、马来半岛、新几内亚、澳大利亚以及西太平洋群岛种类最为丰富 (Wood, 2006)。我国石斛属植物有78余种，广布于热带、南亚热带、中亚热带及北亚热带等地区 (吉占和，1999)。石斛属植物是世界观赏兰花产业的重要类群，其生产规模接近蝴蝶兰。自从1874年世界上第一个石斛杂交种 (*D. nobile* × *D. aureum*) 产生后，越来越多的石斛种类被用于各种杂交组合中。目前，石斛属杂交品种登录数量是所有兰花杂交品种登录中最多的一类。另一方面，石斛属中许多种类还具有重要的药用价值。石斛类是我国传统中药材，早在1400多年前的《神农本草经》和400多年前的《本草纲目》等古典中药书籍中就有记载。除中国外，在东南亚地区也有利用石斛属植物的记载。如在印度尼西亚和马来西亚，当地土著人就榨取 *D. crumenatum* 假鳞茎鲜汁液来治疗耳朵痛、用 *D. discolor* 治疗癣病、用金钗石斛 (*D. nobile*) 的种子来治疗刀伤等；在印度，人们用几种石斛来喂食奶牛以提高鲜奶产量 (Handa, 1986)。

铁皮石斛 (*Dendrobium catenatum* Lindl.) 为石斛属石斛组 (Sect. *Dendrobium*) 的植物，广泛分布于我国安徽、浙江、福建、江西、湖南、广东、广西、云南、四川、湖北、河南等省 (自治区)。它们生长环境变异很大，一般来说，铁皮石斛可生于海拔300～1200米的山地；在其分布区的北部，生长的海拔较低，越往南，生长海拔逐步升高。在云南南部地区，铁皮石斛自然生长海拔可达到1200米左右，而在长江中下游地区，其自然生长海拔则在800米以下。虽然铁皮石斛是一种典型的附生植物，但其附生生长的基质却不尽相同。在云南、贵州、广西等石灰岩地区，铁皮石斛可附生在山地森林中的树干上，也可生长在石灰岩石壁表面；而在丹霞地貌地区，铁皮石斛多生长在丹霞石壁的表面上；在华东地区，铁皮石斛则可以生长在酸性的火山岩表面或花岗岩表面。如果考虑不同地域遗传多样性的差异，铁皮石斛的品种就更加丰富。

根据南京师范大学丁小余教授研究团队对铁皮石斛谱系地理学和遗传多样性的研究，铁皮石斛存在东部和西部2个分化中心；同时，铁皮石斛在物种水平表现出较高的遗传多样性，种群水平的遗传多样性则较低，而在种群内的遗传多样性又比较高。东部和西部2个分化中心的铁皮石斛存在显著差异性，既包括所含成分及其含量的差异，也包括生物学特征和生长特性的差异。因此，针对不同产地来源的不同铁皮石斛品种，其栽培种植条件也不尽相同。而种群水平遗传多样性较低的结果则表明，来自相同分化中心但不同产地来源的铁皮石斛表现出相对的一致性。源自世界自然遗产——湖南省西南部崀山丹霞地区的崀山铁皮石斛是处于铁皮石斛东西部2个分化中心过渡地带，但偏东部分化中心的一个地方品种。本书中所介绍的工作，主要是基于崀山铁皮石斛这样一个地方品种，也包括一些来自其他地区的品种。因此本书介绍的有关栽培和种植技术更适用于崀山铁皮石斛品种以及东部地区铁皮石斛品种，而对于其他地区的品种则更多有借鉴作用。

我国最早成功开展铁皮石斛人工设施条件下规模化种植的是浙江天皇野生植物有限公司，该公司通过近10年的艰苦探索，于1999年正式通过国家铁皮石斛规模化种植成果鉴定。之后，铁皮石斛在浙江、云南和广东等省具有相对规模化的种植。由于广大消费者对铁皮石斛需求越来越大，在长三角、珠三角以及港澳台等地区以铁皮石斛或其加工而成的"枫斗"代替鱼翅、燕窝等保健品已成为一种时尚，这也导致铁皮石斛市场价格年年上涨。受市场供需影响，尽管铁皮石斛人工设施条件下规模化种植的栽培投资大、种植技术要求高、管理复杂，铁皮石斛种植产业总体上还是处于快速发展阶段。但这种高投入的人工设施规模种植模式只能是一些有雄厚经济实力的公司才能承担得起，受益的也只能是这些公司。更为重要的是通过这种集约化人工种植出来的产品质量能否得到保障，目前仍有较大的争议。我国东北人参大规模集约化人工种植的栽培和经营模式已经为中药栽培和经营模式提供了许多值得借鉴的经验和教训，但如何保障人工栽培药用植物的品质问题仍然是中药材产业发展中的一个迫切需要解决的问题。而利用自然生态条件，开展人工自然或半自然生态栽培模式是解决这个问题的一个较好的方法。深圳市全国兰科植物种质资源保护中心刘仲健教授的研究团队在综合考虑满足市场和发展需求的同时，在保护与恢复野生种群防止物种灭绝的基础上，结合我国经济发展不平衡的实际情况，在理论上构建出一种"利益诱导型"自然保护新模式(Benefit-driving Conservation Model) (刘虹等，2013)。毫无疑问，在该自然保护模式指导下的多样化人工栽培模式与人工设施条件下规模化栽培模式相比较具有以下3方面的特点。

1. 经济效益明显

种植成本低，使得当地居民能够以较低成本种植铁皮石斛，从而可以让当地居民的利益最大化。同时，通过人工自然或半自然栽培模式得到的产品具有成本低品质高的特点，市场营销的潜力大，可以帮助贫困地区的居民抗御产品市场价格波动。

2. 生态效益显著

在需要具有较好森林生态系统的环境中，发展铁皮石斛的人工自然或半自然生态栽培模式，可以使当地居民直接从森林生态系统中获得经济效益，从而激发当地居民保护森林、保护生态系统的积极性。这种以经济效益为基础的保护积极性无疑是可以持续的，也是最容易被广大原住地居民所接受的。

3. 社会效益突出

我国山地的原住地居民一直难以摆脱贫困的困扰。长期贫困的社会后果之一就是该地区的"空巢化"现象较其他地区更为严重和普遍。随着老龄化社会的到来，山区贫困地区的养老问题、留守人群的生活保障问题就显得尤为尖锐。问题主要表现为留守的老年人、妇女和儿童等人群由于体力原因无法从获得木材等劳动中创造经济收入，也无法耕种或管理位于山坡等交通不便位置的小块耕地。而铁皮石斛的人工自然或半自然生态栽培模式，则可以帮助解决山区贫困地区留守人群的生活保障问题。首先，该种植模式是一种相对粗放型的管理模式，尤其适合缺乏体力的留守人群；其次，铁皮石斛种植后，至少可以收获15年至20年，这种低成本、长收效期的特性，特别适合经济条件欠佳的留守人群；最后，采收铁皮石斛植物是一项非常轻松的工作，只需将达到收获年限的铁皮石斛植物茎剪下来，无疑此类工作特别适合留守人群来完成。

  本书所介绍的铁皮石斛人工自然或半自然栽培技术，为"利益诱导型"自然保护的理论模型付诸实践提供了很好的技术平台。同时，我国南方和西南地区的贫困连片地区，如武陵山区、大别山山区、西南喀斯特山区等，自然生态环境相对优越，但往往是交通不便经济欠发达的偏远地区或由于生态保护需要禁止开发的地区。基于独特的自然生态条件，发展人工自然或半自然栽培中药材是贫困地区扶贫工作的有效途径之一。希望本书所介绍的铁皮石斛人工自然或半自然栽培技术，能够为开展药用植物生态综合栽培技术研究和生态扶贫做示范，应对生物物种资源不断丧失的严峻局面，提升我国在野生植物资源利用、科技创新能力等方面贡献绵薄之力。

2 铁皮石斛的价值

铁皮石斛属兰科植物,是一种高度进化与特化的濒危物种,为名贵珍稀中药材。

一 观赏价值

铁皮石斛等石斛属植物,与蝴蝶兰、万代兰、卡特兰并列为观赏价值最高的四大观赏兰科植物。有学者称铁皮石斛是"风情万种"的古典美人(图2-1,图2-2)。

▲图 2-1 铁皮石斛的花

▲ 图2-2 秀丽的铁皮石斛花朵

▲ 图2-3 生长在丹霞石壁的铁皮石斛植株

二 生态价值

铁皮石斛附生于石壁上（图2-3，图2-4），常与地衣、苔藓、蕨类植物混生，组成石壁上特殊的生态系统，对土壤的形成、物种的演化等起着重要作用。生物在演化的过程中，可能存在进化、退化和特化3种方式，铁皮石斛是向高度特化方向演化的物种。

图 2-4 生长在丹霞峭壁上的铁皮石斛开花植株

三 药用价值

早在一千多年前的道家典籍《道藏》中，就将铁皮石斛、天山雪莲、三两重的人参、一百二十年的首乌、花甲之茯苓、海底珍珠、深山灵芝、冬虫夏草、苁蓉等列为"中华九大仙草"。铁皮石斛位列"九大仙草"之首。铁皮石斛具有滋阴清热，生津止渴，增强免疫力，消除肿瘤，抑制癌症，恢复嗓音，抗声带疲劳，抗血管硬化，降低血糖，抗衰老，防治眼疾，护嗓，解毒等功效，尤其对肿瘤放疗或化疗后的康复有特效。

铁皮石斛所含的化学成分主要有：多糖、生物碱、菲类、联苄类、糖苷类、氨基酸等。铁皮石斛所含的多糖对癌症病人具有明显增强其T细胞免疫功能的作用，可提高人体免疫力。石斛碱具有养胃清热、清音明目、止痛之功效。菲类、联苄类、芪类等多具有抗癌药理活性。铁皮石斛清热不过于寒凉，养阴而不偏于滋腻，是其所长，为清养之极品。

3 铁皮石斛的生物学特性

一 形态特征

铁皮石斛为附生兰科植物。茎直立，圆柱形，长9～35厘米，粗2～5毫米，老时表面褐色，新生植株表面带有紫色斑块，不分枝，具纵纹，多节（图3-1，图3-3）。节上有花序柄痕及残存叶鞘，节间长1.3～1.7厘米，常在中部以上互生3～5枚叶；叶二列，纸质（有学者称膜质），长圆状披针形，长3～4厘米，宽9～11毫米，先端钝且稍钩状，基部下延为抱茎的鞘，边缘和中肋常带淡绛紫色；叶鞘常具紫斑，老时其上缘与茎松离而张开，并且与节留下1个环状间隙。茎基部有数条不定根，长约20毫米，有分枝，新根无根毛，根尖端常呈绿色，光滑。总状花序生于具叶或无叶茎上部，具2～3朵花；花序柄长5～10毫米，基部具2～3枚短鞘；花序轴回折状弯曲，长2～4厘米；花苞片干膜质，浅白色，近卵形，长5～7毫米，先端稍钝；花梗和子房长2～2.5厘米；萼片长1.2～2厘米，花瓣短于萼片；唇瓣卵状披针形，长1.3～1.6厘米，宽7～9毫米，先端渐尖或短渐尖，近上部中间有圆形紫色斑块，近下部中间有黄色胼胝体。

图3-1 铁皮石斛植株——示茎具多节

图3-2 铁皮石斛植株——示叶鞘具紫色斑点

🔲 特化现象

(1) 铁皮石斛叶为膜质，有利于吸收林中高湿度的水蒸气及溶于水蒸气中的各种无机盐。

(2) 铁皮石斛叶上的气孔全部集中在下表皮。这种结构一方面有利于减少水分蒸发；另一方面可防止夏天强光照射和高温给叶片带来的伤害。

(3) 铁皮石斛夜间可以吸收CO_2，形成的苹果酸储藏在液泡中，白天气孔关闭，由苹果酸放出的CO_2参与C_3循环，这种气体交换日变化模式具有景天酸代谢"四阶段"特征，故其光合作用在景天酸代谢途径(CAM)与C_3途径间变化。

(4) 铁皮石斛的根特化(图3-3～图3-5)。根先端部分没有根毛，需与共生真菌形成营养性共生关系，再依靠共生真菌菌丝吸收水分和矿物质营养，并依靠菌丝分解根部附着的枯枝落叶来获取葡萄糖和氨基酸等有机养

图3-3 铁皮石斛栽培植株具有发达的根系，根先端部分无根毛

图3-4 铁皮石斛栽培植株发达的根系布满在种植床表面

图3-5 铁皮石斛栽培植株发达的根系向种植床石块之间缝隙生长

料，以半自养半异养的特殊营养方式进行生长和发育。铁皮石斛具有地下根和气生根两种根：地下根被有6～7层细胞，气生根被只有4层细胞。同时根皮层细胞可完全发育成为由羽状纤维物组成的海绵层，既能吸收和贮备一定的水分，又能通透空气。铁皮石斛自然分布区都是森林茂盛的石山，那里空气中负离子含量高，每立方厘米约10万个以上，是"人间仙境"。"仙境"条件下生长的"仙草"，药用价值高，是极品。

三 物候特点

铁皮石斛为多年生草本，可依靠克隆分株进行营养繁殖。从老茎基部节上腋芽形成新茎，通常一个老茎能发1～3条新茎（图3-6）。每年4～5月，气温在13～15℃时，2年生茎的基部腋芽生长形成幼茎。随着幼茎生长，新茎上部长出新叶2～3片，新茎基部发出数条不定根，根伸到苗床并逐渐长出白毛状物紧固石头上或树皮上。"立冬"后，当年形成的茎封顶，停止

▲ 图 3-6 铁皮石斛老茎旁边长出的新茎（上方）

生长；冬季，当年生新茎上的叶片不落（气候十分干燥的石壁上的野生植株及海拔1000米以上地区树上栽植的铁皮石斛保留的叶片很少）。次年，上一年形成新茎成为二年生茎，基部腋芽在春季再长出新茎，而上年的二年生茎则成为三年生茎；在5月底～6月中旬，茎上部的花芽发育成花1～3朵（新宁丹霞石壁上的野生铁皮石斛盛花期为"夏至"前后，而分布在石灰岩石壁上的野生铁皮石斛的花期比前者早半个月左右）。蒴果（图3-7，图3-8）于10月下旬成熟（新宁野生铁皮石斛成熟时间为"立冬"前后）。三年生的茎为药材最佳采收期。

图3-7 近成熟的铁皮石斛果实
图3-8 野生铁皮石斛授粉41天后幼果状况

4 铁皮石斛原生态栽培技术要点

一 栽培场地的选择

(1) 选择具有森林气候,山清水秀,空气新鲜,无污染,与铁皮石斛自然分布地基本相似的地方(图4-1)。

(2) 水质要好。铁皮石斛需微酸性水,最适pH值为5.5～6,pH值7以上的水不宜栽种铁皮石斛。

(3) 根据湖南新宁县的气候条件选择地点。海拔在600米以下(包括600米)的地方为好。海拔900米以上的地区,铁皮石斛不能露天越冬,否则会发生严重冻害。海拔400～600米的山区种铁皮石斛最好。因为这些地方夏日清凉,空气湿度大,即使是伏天高温期铁皮石斛也不停止生长。在这些地方,从4

图 4-1 具有森林气候的铁皮石斛种植地点

月至11月,铁皮石斛的生长期可达8个月之久。

(4) 林下栽培。选郁闭度0.7～0.8的马尾松成林或阔叶林下(图4-2,图4-3),坡度较缓之地种植。这是全新的立体森林经营模式,有广阔的发展前景。林下栽培的优点是能充分利用林下土地资源,利用树冠遮阴,利用树叶的蒸腾作用增加空气的湿度等,并且还能极大地提高林地经济效益。此外这种栽培模式对提高铁皮石斛的产品质量,抗御市场风险都大有好处。

(5) 安全保证。选择便于防守管理的房前屋后空坪隙地、荒坡、荒山等。

(6) 交通方便。便于运送栽培基质、荫棚材料等。

(7) 选地注意的其他事项。a. 不要选冷空气下沉的山谷、洼地,以防冰冻、霜害;b. 不要选涨洪水能淹没的地方;c. 不要选四周都是水田、山塘或沼泽的地方,因为这些地方蛞蝓、蜗牛特别多,令人防不胜防。

总之,选地要从铁皮石斛的生物学特性来全面考虑,空气流动性好和排水良好永远是第一要务。

▲ 图 4-2 马尾松林

▲ 图 4-3 阔叶林

二 搭建荫棚，做好栽植床，建防雨防寒棚

1. 利用山区丰富的竹、木资源搭建荫棚

荫棚高2米或2米以上，便于通风透气（图4-4）。冬季要备好竹、木材料；选择竹料时要注意避免使用立春以后砍的竹子，因为这时的竹子易生虫，不耐腐朽。棚架要坚固，以防冬天雪压。搭好棚架后盖上70%遮光率、防老化的遮阳网，且四周全部用遮阳网围起来，以防蝗虫及飞蛾进入为害（图4-5，图4-6）。特别注意的是抗老化的遮阳网可以连续使用6～7年，而不抗老化的遮阳网2～3年就全烂了。

2. 做好栽植床

栽培铁皮石斛的苗床称栽植床。根据各地自然资源情况，可选择下列不同模式。

(1) 石块栽植床（图4-7～图4-9）。床面宽1.2米，长8米，步道宽30厘米；床底层垫30厘米厚的大石块，石块直径20厘米左右，作为透气漏水层。按此标准作床，每亩有净床面积400平方米。

图 4-4 荫棚与防寒防雨高低棚架
图 4-5 棚架四周用遮阳网全盖好
图 4-6 盖好遮阳网的种植棚

图 4-7 石块整齐地摆放在栽植床上
图 4-8 摆好石块的栽植床，四周用木板围住，便于堆放栽培基质
图 4-9 摆好石块的种植场地

石块栽植床优点 能长期使用，只需每隔3～5年向栽培基质中加入适量半腐熟的树叶、树皮即可；这种模式"接地气"，水汽足，使基质经常保持潮润状态，更接近于自然条件，有利于铁皮石斛生长，并且伏天抗旱次数比其他模式少一半左右。

石块栽植床优点

2012年雨水偏多是对原生态栽培模式的考验，尤其是对石块模式。据气象记载，1月至4月共121天，晴天仅23天占19%；阴雨、雪天98天占81%。1月和2月共60天，仅1月31日一个晴天。5月1日至8月11日共103天，为夏季高温期，新宁城区晴天为49天占47.6%；阴雨或阵雨天为54天占52.4%。而黄龙镇茶亭子甘冲铁皮石斛栽培基地的雨水更多，自7月1日至8月11日的42天，每天都有阵雨1～3次，有时是大暴雨，4月13日还下了冰雹，但铁皮石斛都"挺"过来了，而且长势旺盛。自2012年初至8月11日为止的224天，没有抗过一次旱，尤其6月29日至7月13日的15天里，新宁县城区连续晴热高温天气，气温在34～36℃，而茶亭子甘冲仅晴了2天，其余13天每天都有阵雨。雨水这么多，可铁皮石斛未见软腐、根腐、黑斑等病害，而且长势特别好。其原因主要有以下2点。a.石块模式功不可没。石块竖摆孔穴多，透气、漏水性能特别好，暴雨也能即落即消，无任何积水现象。b.栽培基质透气、吸水、漏水性能良好。栽培基质是：4份碎红砖、4份松树皮、2份阔叶树叶，我们称"三合一"栽培基质，它与石块透气、漏水层是最好的搭档。

作者做了一个小试验：用一个长10厘米，宽高各8厘米，四周有1厘米孔隙的塑料筐，体积为640立方厘米，筐重110克，分别装满碎木片基质（长1厘米、宽0.5厘米、厚3毫米）与"三合一"基质，分别称重。将2组基质淋透水后，置于阴处，分别在5分钟、1小时和3小时后称重，结果见表4-1。

表4-1　不同基质吸水、漏水性对比试验

基质名称	试验前重量（连筐）（克）	淋透5分钟后重量（克）		放置1小时后重量（克）		放置3小时后重量（克）	
		总重量（连筐）	吸水量	总重量（连筐）	失水量	总重量（连筐）	失水量
碎木片	590	900	310	790	110	740	160
"三合一"	1500	1910	410	1850	60	1800	110

试验结果表明，同一体积的"三合一"基质比碎木片基质多吸收水分100克，3小时后水流失与蒸发少50克，二者合计为150克。说明"三合一"基质比碎木片基质吸水量多32.2%（=100g／310g×100%），3小时后流失蒸发水分减少（抗旱率）31.3%（=50g／160g×100%）。二者相加为32.2%+31.3%=63.5%，说明"三合一"基质比碎木片基质吸水率与抗旱率高出近一半，大大有利于铁皮石斛生长。在大雨落下之时，大部分雨水通过"三合一"基质沿石块孔穴中流出，绝不会积水；而基质中的多余水分又被碎红砖吸收进去贮藏起来，天晴时再慢慢释放出来，使基质长期处于潮润状态。这就是2012年铁皮石斛度过"多雨关"而生长旺盛的"秘密"之一。

石块模式还为铁皮石斛生长创造了一个良好的生态系统。透气漏水的大石块空洞多且凉爽湿润，为青蛙创造了一个栖身的环境。实验地内目前有500～1000只青蛙是为铁皮石斛捕虫的"义务"大军，使苗圃虽见虫但不成虫灾。除治蛞蝓的"密达"外，2012年还没用过其他杀虫农药。棚架上还有100多张蜘蛛网捕捉飞蛾等害虫。

栽培基质中的树叶、树皮，在雨水充足潮润的环境中，为大型真菌的生长创造了良好条件。大型真菌分解树叶、树皮中的有机质，为铁皮石斛提供充足的养分。同时圃地长了不少苔藓与蕨类植物小苗，正逐步向野生状态演化。正是这种良性的生态系统的形成，淋漓尽致地展现了石块栽培模式的优势。

特别提示　a. 石块以长30厘米、宽20厘米、厚10厘米大小的为宜，必须竖摆多留孔隙，石块层的厚不少于30厘米。b. 栽培基质中的4份红砖不能少，因红砖吸水性强，使栽植层免积水；树叶以壳斗科、杜英科的树叶最佳；树皮、树叶不能太细，以2厘米×3厘米大小为宜。c. 栽培基质层厚以8厘米左右为宜，太厚透气不良。

石块栽植床缺点　a. 石块用量大，每亩需120立方米石块，花工费时，劳动强度大，据估计成本约60元/平方米(包括打石块、运石块、摆放石块的用工工资)。b. 若用常耕地种铁皮石斛，一旦不种，要恢复土地原貌工作量大。c. 栽植床长度最好控制在8米以内。据陈孝柏的经验，长度超过8米的栽植床，中间铁皮石斛容易发生软腐病。尤其冬季防冻时期，床上覆盖薄膜时由于只能打开两端通气，栽植床中间部分通气不良现象就更严重，从而导致软腐病严重发生。

(2) 架空竹片栽植床(图4-10，图4-11)。利用山区竹、木资源丰富的特点。首先用木棒(直径10厘米以上)按栽植床的长宽作一个框架；用石块将框垫高30厘米，下面是空的，便于通气、漏水。然后将竹子锯成长1.2米一段并破开成宽3~4厘米的竹片，再将竹片固定在木棒上，竹片与竹片之间

▲ 图4-10　架空竹片栽植床侧面

铁皮石斛原生态栽培技术要点 29

▲ 图4-11 架空竹片栽植床正面

留0.5厘米缝隙通气漏水。再在竹片床上铺上遮阳网,防止栽培基质下漏。床面四周用宽10厘米的木板或竹片围上,便于床面铺放10厘米厚的栽培基质。此模式适合山区竹、木资源丰富的地方。成本约20元/平方米。

架空竹片栽植床优点 就地取材,省工省时;同时也接近自然,绿色环保。

架空竹片栽植床缺点 竹、木较石块易腐朽、垮塌,可能5年左右要更新1次材料,铁皮石斛植株也需重新栽植1次;以20年一个栽植周期来算,则需更换4次,20年的4次成本约80元/平方米(按2012年竹、木料价格计算)。

(3) 石棉瓦栽植床。首先要立好支架,高30～50厘米,将石棉瓦放于支架上,便于通风、透气、排水。用优质较厚石棉瓦作栽植床的床面底板,四周围上高10厘米的木板,免使栽培基质流失。切勿将石棉瓦直接放于地面上。为了使石棉瓦漏水通气,需在石棉瓦上每隔15～20厘米钻一个小孔。这种床面大约成本为28元/平方米,使用寿命约8～10年;以20年为一个生产周期,只需中途更换1次;总成本约56元/平方米。

(4) 塑料网高架棚栽植床（图4-12～图4-14）。首先按栽植床的长、宽作好框架，框架离地面高50～100厘米。然后用孔径0.5厘米的塑料网铺放于框架上，再在网上填10厘米厚的栽培基质即成。塑料网工厂有售，每平方米9元，使用寿命5年；以20年为一个生产周期，则需更换3次，20年3次成本约50～60元/平方米。

后两种模式操作方便，适合丘陵低山大面积大棚栽培。

图4-12 塑料网高架棚栽植床高架
图4-13 铺上塑料网

铁皮石斛原生态栽培技术要点 31

▲图 4-14 铺上栽培基质

3. 搭建好防雨防寒高低棚(图4-15，图4-16)。

铁皮石斛是附生植物，遗传基因决定它在任何时候、任何地方都必须通气良好。防雨防寒高低棚就是根据它的这一特性而设计的。棚的高面高60～80厘米，低面高10～20厘米，形成一个斜坡面，并用竹、木做成框架，上盖无滴漏薄膜。春、夏、秋三季，遇上连绵阴雨天，必须盖斜坡面，使雨水流入步道；留高面不盖，让其通气。这项工作很重要，特别是铁皮石斛种植后的1～3个月，非常脆弱，抗病能力差，雨水过多，易生软腐病、叶斑病等病害，稍有不慎，可能导致全部死亡。而在冬季，霜、雪、低温冰冻至使植株容易发生冻害，所以这时必须低面、斜坡面、高面全盖上，但高面离床面20厘米高处不盖死，留作通气；同时苗床两端的薄膜也要打开通气。值得注意的是，防雨防寒的薄膜，必须买无滴漏薄膜，其他类型的薄膜容易形成水滴滴于苗床上，凡水滴在铁皮石斛苗上的，苗必死无疑。这种防寒防雨高低棚，只适合半自然栽培模式，钢架大棚栽培则不需要。

图 4-15 防雨防寒高低棚打开薄膜时情景
图 4-16 防雨防寒高低棚盖上薄膜时情景

三 铁皮石斛栽培基质配方

通过多年栽培实践，筛选出一个我们认为是最佳的铁皮石斛栽培基质配方：碎树皮4份（图4-17）、碎红砖4份（图4-18）、碎树叶2份（图4-19），我们称为"三合一"基质。

1. 碎树皮

碎树皮我们用的是马尾松鳞状老皮，采回后，用水冲洗，堆沤3个月以上去脂软化成半腐熟状态。松树鳞状老树皮的特点是能缓慢释放肥料，可以保障铁皮石斛常年有肥可吸收；其次，鳞状树皮凹凸不平，孔隙多，通气良好，满足了铁皮石斛生长的要求。但树皮要砍碎成2~3平方厘米的块状为佳。无松树皮的地方，可用板栗、锥栗、枹栎等壳斗科或杜英科的树皮代替。注意杉类树皮不能用，因易板结，不通气；樟科、木兰科的树皮、叶、枝都不能用，因它们含有芳香类物质，影响铁皮石斛生长。

▼图4-17 碎树皮

▲ 图 4-18 制作碎红砖

2. 碎红砖

碎红砖有许多优点

(1) 吸水量很大，既能将过多的水分吸收进去，又能保持栽培基质不过湿，呈潮润状态；天旱时，它又能将水分释放出来。

作者曾经做过试验，分别将石灰石、丹霞石、板岩(黑色)、碎红砖等4种材料都打碎成直径2厘米大小后置烈日下曝晒9个小时；然后每种材料称1000克置清水中浸泡15个小时，其结果如表4-2。

表4-2　各种材料浸泡前后情况

材料名称	供试验重量（克）	浸泡后重量（克）	含水量（克）	含水率(%)（含水量/浸泡后重量×100%）
石灰石	1000	1020	20	1.96
丹霞石	1000	1040	40	3.85
板岩（黑色）	900	980	80	8.16
碎红砖	1000	1200	200	16.67

从表中可以看出，石灰石含水率最小，仅不到2%；丹霞石含水率约4%；板岩含水率达8%，比丹霞石高1倍；碎红砖含水率最高达16.67%。

(2) 碎红砖棱角多，坑洼多，便于通气，不会板结。

(3) 铁皮石斛根系喜欢附着在碎红砖上。栽培2年或2年以上的铁皮石斛拔出来后，都可见碎红砖上附有石斛根。

3. 碎树叶

碎树叶是有机肥料的"仓库"，它分解快，可满足短期内铁皮石斛对有机肥的需求。具体做法如下。利用夏天气温高、植物生长茂盛的特点，采集阔叶树种乔、灌木的枝、叶，剁碎成长3厘米左右的小段，置肥料凼内堆沤发酵2～3个月待用。用时按碎树皮4份、碎红砖4份、碎树叶2份的比例充分混合，并用1000倍高锰酸钾溶液或1000倍甲基托布津溶液，均匀喷雾消毒待用。值得注意的是树种越多越好。据何烈熙同志的经验，他使用的树种达12种以上。如杜茎山、板栗、小红栲、大青、枫香、木荷、山油麻、槲栎、腺鼠刺、柃木、檵木、杨梅……这样营养比较全面，尤其有

▽ 图4-19 半腐熟树叶

些树种容易腐烂，可先供应铁皮石斛的营养，如杜茎山、大青、枫香等；有些革质叶树种腐烂较慢，可以后供应营养，使铁皮石斛长期不缺有机肥料，如小红栲、木荷、腺鼠刺和杨梅等。在何烈熙铁皮石斛基地上的栽培基质，长满大型真菌的地方，铁皮石斛就生长茂盛。

4. 准备栽培基质注意的问题

(1) 玉米秆、玉米芯、高粱秆等带甜味、含糖量较高的植物不适合用作栽培基质，因为这些基质易生虫，导致虫害。

(2) 栽培基质中不要用含钙高带碱性的石头，因铁皮石斛在这种基质中生长时可能吸收大量钙离子，使植株纤维化高，嚼之渣多，影响药材质量，缺乏市场竞争力。

(3) 培育香菇的废料，称蕈糠，可代替20%的树皮掺入基质中，但注意不要全部代替树皮，主要怕板结造成通气不良，从而影响铁皮石斛的生长。同时，20%的腐熟树叶、树枝不能少。

(4) 不能用细锯末拌在栽培基质中，否则容易引起板结造成通气不良，导致铁皮石斛根系腐烂。

作者2010年用广南铁皮石斛和崀山铁皮石斛2个品种的瓶苗分别栽10丛于两个水果筐内，筐内放栽培基质。由于苗太小，栽培基质粗，苗木栽不稳，于是用半腐熟的马尾松锯末填于栽培基质的缝隙中。结果崀山铁皮石斛的苗总是不长，高仅1～2厘米；广南铁皮石斛的苗有锯末的地方同样不长。但筐边无锯末地方的2个品种的苗都生长良好，2011年筐边的苗最高达14厘米，茎粗0.5厘米。2012年4月20日将生长缓慢的崀山铁皮石斛苗全部拔出来检查，发现根全部腐烂，不见白色的根，显然这是基质配料不当造成的损失。

(5) 慎用牛、羊粪等肥料。尽管这些肥料充分发酵灭菌后，可用1%稀释液加入栽培基质中，但这些肥料难拌匀，肥料多的地方容易造成肥害，故不提倡使用牛、羊粪等肥料。最安全的肥料还是充分发酵的树叶、树枝。

四 铁皮石斛栽植前的准备工作

1. 栽培基质消毒

在3种栽培基质（碎树皮4份、碎红砖4份、碎树叶2份）（图4-20）按比例充分拌匀之时，就要用喷雾器喷药杀菌。主要药物为1000倍高锰酸钾溶液或1000倍甲基托布津溶液。

2. 栽培基质铺放

铺于苗床的栽培基质厚度以10厘米为宜。在栽苗前3天，将床面基质浇1次水，水要浇透、浇均匀，自然阴干后待用。

3. 铁皮石斛瓶苗栽前处理

(1) 收到铁皮石斛瓶苗后，要立即打开通气，防止瓶苗发热（图4-21，图4-22）。通气要立即处理，不能拖延。

(2) 清洗瓶苗根部及叶片上沾附的营养液（图4-23，图4-24）。要在清水中反复轻轻摆动清洗，不能有任何营养液留在苗上。因营养液接触空气

▲ 图4-20 3种栽培基质混合后的栽培基质

图 4-21 未打开的塑料袋装瓶苗
图 4-22 打开后的塑料袋装瓶苗
图 4-23 清洗瓶苗根部及叶片上沾附的营养液
图 4-24 清洗后的瓶苗

后,极易长霉,从而导致苗腐烂,即便瓶苗在生产工厂已清洗过营养液,最好也要再清洗一次,因为在运输途中难免瓶苗被污染或出现发热现象;如果山区水质好,再清洗有利苗防病。特别提示,生产工厂在发送瓶苗时,最好不清洗营养液连薄膜袋一起发货,这样运输途中瓶苗不会发热。

(3) 铁皮石斛瓶苗种植前的预处理,有人也称之为炼苗处理 (图4-25,图4-26)。预处理的目的是让瓶苗适应外界环境,提高抗性;同时耗掉瓶苗在瓶中吸收的过多水分,使瓶苗根系变软,以免在种植过程中碰断根系。有学者提出预处理过程需15天左右。作者曾试过10天、3天和1天的3种预处理时间。预处理10天,时间太长,水分不好控制,容易造成苗死亡;1~3天都比较好,栽植成活率均在95%以上。同时大批苗木运回后,不可能在1

铁皮石斛原生态栽培技术要点 39

▲ 图 4-25 用湿报纸做成的预处理床

▲ 图 4-26 清洗后的瓶苗整齐排放在预处理床上

天内栽完,很自然形成1～3天的预处理时间。特别值得注意的是,预处理时瓶苗集中在一起易遭鼠害,应有防鼠对策。具体预处理方法如下。

a. 选阴凉通气的房间,地面铺上3层废旧报纸,然后反复喷上清水,务必使报纸充分湿透,根据瓶苗的多少来确定铺放报纸的面积。这种铺放湿报纸的场地,称预处理床。

b. 将清洗后的瓶苗,整齐排放在预处理床上。瓶苗堆放厚度约5～10厘米,不要堆得太厚,以免发热。

c. 待瓶苗叶片干之后,均匀喷施1000倍代森锰锌或1000倍甲基托布津药液于植株上,预防病菌入侵。

d. 预处理期间,若气温高达30℃以上时,每天上午10点、下午4点各喷1次水。阴天可只喷1次水;雨天看情况,可以不喷水。尤其注意预处理期间,切勿过湿,只要保持潮润就行。

五 铁皮石斛的栽植

1. 栽植密度

瓶苗(图4-27):行距15厘米,株距10厘米,每平方米栽67丛,每丛3株,即每平方米栽201株。驯化苗:行距20厘米,株距15厘米,每平方米栽33丛,每丛3株,即每平方米栽99株。铁皮石斛密度宜高不宜稀(图4-28,图4-29)。

图 4-27 瓶苗
图 4-28 铁皮石斛瓶苗在种植床上种植过程
图 4-29 种植密度适当的铁皮石斛瓶苗

因为种植密度稀则产量低，作床、搭架、遮阴等材料都算上去，经济上反而不合算。但种植密度太高，苗的成本高，初期开支大，群众难于接受。

2. 栽植方法

首先，铁皮石斛最好用丛栽法，每3株一起作一丛栽，不要单株栽植，否则成活率低，长势差。其次，铁皮石斛栽植时必须浅栽。具体操作方法是：用手指在栽培基质上按株、行距挖一个小穴，深约2厘米，然后将铁皮石斛3株苗抓在一起，放入穴内，舒展根系，盖上基质，再用手轻轻压紧就可以。

六 铁皮石斛栽植后的田间管理

铁皮石斛栽植成败的关键在田间管理。这是一项非常细致、繁琐、辛苦、科学的工作，必须全身心地投入，深入观察每个细小的变化，及时采取相应措施，才能收到良好的效果。

1. 水的管理

铁皮石斛栽培的核心技术就是科学用水。

(1) 严格控制水分。初学栽培的人，往往用水过多，导致铁皮石斛苗病害严重而失败。栽后3天，若无高温，不必浇水。每天24小时内，铁皮石斛苗保持湿润状态的时间为4小时，其余20小时为潮润状态。湿润与潮润尚无量化标准，只能凭感觉与经验。例如用喷雾器将铁皮石斛苗与床面喷湿，1小时后用手摸基质，有明显湿的感觉，但基质挤不出水，这就是湿润；比湿润再干一点，手摸有润的感觉，基质颜色不发白，这就是潮润；若表面基质发白，手摸感到燥，扒开基质2~3厘米也较干时，这就表明缺水，要及时浇水。浇水必须浇透，即栽培基质层10厘米全湿透；不能浇"吊脚水"，即基质只湿透表层2~3厘米，下层全是干的。铁皮石斛栽植3天后，根据基质湿润情况可以浇水，但30天内不宜施肥。

(2) 分阶段浇水法。铁皮石斛栽后2个月内以保持潮润状态为主，原则是宁干勿湿。2个月后铁皮石斛苗开始生长并萌发新茎，长出新根系，这时需水量较大，以保持湿润状态为主。每天浇水次数要视气温、基质干湿情况来决定。一般高架床，晴天每天浇水1~2次；地面石块床，可以2~3天浇1次水。

(3) 每天浇水时间。由于铁皮石斛具有景天酸代谢"四阶段"特征，其浇水时间也相应地具有特殊性。原则是浇水后叶面不能有水珠过夜，即叶表面必须干燥过夜，否则，叶片易染病腐烂。因此，浇水时间宜为上午9~10点，下午4~5点。

(4) 自然雨水的利用与防范。天空中降下的自然雨水，是对铁皮石斛生长最好的水，应充分利用。栽后1~2个月，让小雨自然淋1~2小时，基质湿透后，立即盖上防雨棚(图4-30~图4-32)。切忌大雨、暴雨直接冲刷。2个月后的铁皮石斛苗，可让小雨淋4~5个小时，也忌暴雨、大雨。1年以上的苗木，抗病力强，生长需水量较多，可以让小到中雨淋1天，但连绵阴雨时，仍需盖防雨棚。

2. 施肥

在自然状态下铁皮石斛依靠共生真菌菌丝吸收水分和矿物质营养，并依靠菌丝分解根部附着的枯枝落叶获取葡萄糖和氨基酸等有机养料。由于生境恶劣，铁皮石斛生长极慢。人工栽培为铁皮石斛提供适生环境，从而

图 4-30 高面全部打开的半封闭防雨棚
图 4-31 高面打开离床面20厘米的半封闭防雨棚
图 4-32 全封闭防雨棚

可以大幅提高产量,因此适当施肥是必要的。施肥用的喷雾器、洒水桶等施肥用具,在施肥前、后均要清洗干净。

(1) 肥料种类。"花多多"高氮肥、"花多多"平衡肥、磷酸二氢钾、功能性冲施肥、松尔复合肥(功能型)等多种肥料均可使用。但以两种"花多多"肥交替使用最好、最安全。尤其栽植的第1年施肥,应以"花多多"肥为主。

(2) 施肥浓度。铁皮石斛叶膜质,对肥料浓度十分敏感。肥料最高浓度为1000倍稀释，否则易产生肥害。肥害的表现为卷叶、叶灼伤、叶发黄、脱叶或整株死亡，轻则影响一年的生长，重则"全军覆没"。所以，铁皮石斛只能施稀释肥。同时，1000倍的浓度还要看天气来定，阴天，气温在30℃以下，施1000倍稀释液浓度恰当；气温30℃以上的晴天，阳光强烈，施肥浓度则以2000倍稀释为宜。

(3) 施肥时间与次数。铁皮石斛施肥可结合抗旱浇水进行。一般上午9～10点，下午4～5点为宜。铁皮石斛生长高峰期为4～9月，此时可每周施肥1次，以施叶面肥为主。

施肥需特别注意的是：严格控制氮肥用量，最好不用尿素，"花多多"平衡肥与"花多多"高氮肥也要交替使用；饼肥、鸡粪等含氮高的有机肥不要用；羊、牛、兔等食草动物的粪，在充分发酵后，可以少量施用。

3. 花期管理

铁皮石斛花是植物的精华，营养价值与药用价值极高，应高度重视。

(1) 开花期。人工栽培的铁皮石斛开花时间是6月中旬至7月中旬，盛花期为6月下旬。野生铁皮石斛则是"夏至"前后开花 (图4-33)。

(2) 人工授粉 (图4-34，图4-35)。选优良植株进行人工授粉。铁皮石斛在野生状态下进行自然授粉是十分困难的，虽然花粉块到柱头只有2～4毫米距离，但在自然界中如果没有传粉昆虫的帮助，两者则是天各一方，万里之遥。通过人工授粉技术可更容易得到果实，进而用种子来播种、繁殖种苗，这为发展铁皮石斛产业打开了方便之门。同时这也是一种保护石斛野生资源、保护优良品种、推广良种、恢复石斛种群的好办法。我们进行了3年的试验，第2年人工授粉成功率为21.8%，成果率为16.17%；第3年授粉成功率高达58.1%。最佳授粉时间是花自然张开后的第2天下午到第3天，以晴天最好，阴天次之，雨天最差。大风天不宜授粉。授粉用的镊子尖头要尖、薄。铁皮石斛为总状花序，花瓣与外面的萼片均为乳黄色，其中1枚花瓣变异成唇瓣。花的雌蕊与雄蕊合为一体，形成典型的合蕊柱结构。柱头在合蕊柱下方，花药在合蕊柱上方，中间有一隔膜将它们隔开。每朵花有花粉团4个，两两连在一起，形成两个花粉块，呈乳黄色，水滴状，药室上有一个药帽覆盖。花粉块

图4-33 种植床上的铁皮石斛开花
图4-34 用镊子进行铁皮石斛人工授粉
图4-35 用竹制牙签进行铁皮石斛人工授粉

颜色从黄白色到老黄色转变,以蛋黄色时授粉效果最佳。授粉时,用镊子将花粉块夹起,放在合蕊柱下部凹陷的柱头上,轻轻压紧不脱落即可。授粉最好进行异株异花授粉。若不同株花期不同,可将先开花的化粉块置洁净的培养器中,放冰箱冷藏室保存,用时将镊子尖沾点冷开水即可沾住干花粉块进行授粉。

授粉成功后,子房开始膨大,呈青绿色,1周后便进入幼果期(图4-36~图4-42)。从幼果到果实成熟,一般需120天,即在10月中旬左右果实成熟。

图 4-36 异花授粉后第3天的情况——示花被片变色并开始萎蔫
图 4-37 异花授粉后第5天的情况——示花被片凋萎
图 4-38 异花授粉后第15天的情况——示子房已膨大
图 4-39 异花授粉后第40天幼果发育状况
图 4-40 异花授粉后第50天果实发育状况
图 4-41 自花授粉后第54天幼果状况
图 4-42 铁皮石斛果实采收

▲ 图 4-43 铁皮石斛花蒸熟晒干后的干花产品

当果实端部有1/3呈黄绿色时,就可采摘。果采回后,用小薄膜袋装着,每袋10个,袋口插一根空心小塑料管,以便通气。然后放冰箱冷藏室暂时保存,保存时间越短越好,尽快送种苗生产单位进行育苗。

(3) 铁皮石斛花朵的采集与加工(图4-43)。大多数铁皮石斛花是不需授粉的,因为如果任其自然开花则存在2个弊端:一是开花过程需要消耗植株大量养分,影响生长;二是任花凋谢而不加以利用,是巨大浪费。正确的做法是:待花即将开放时,及时采摘下来,置冰箱保存,待达到一定数量后,将鲜花隔水蒸熟,再晒干(不蒸熟很难晒干)。铁皮石斛花是很好的药品兼保健品,比铁皮石斛茎的药效还高。目前每100克干品花市场价为1000元,加工100克干品花大约需3400朵鲜花,平均每朵花单价约为0.3元,经济效益可观。

七 病虫害防治

病害和虫害是影响铁皮石斛成活率、产量的主要因素。在栽培全过程中,都要十分重视,不可粗心大意。

1. 病害防治

首先，预防病害的发生，要按技术要求做好通气、排水、遮光等各项工作。其次，在铁皮石斛未发现病害之前，每月喷1次预防病害的药，即1000倍代森锰锌溶液，很有效。下面介绍几种主要病害的防治方法。

(1) 软腐病 (图4-44～图4-51)

病原菌为细菌类欧氏杆菌。软腐病是夏季铁皮石斛的主要病害，其他季节也有发生，但没有夏季严重。特别是栽后的1～2个月，最易得此病。高温高湿环境最易发生软腐病，且发病快。其病原菌多从根茎处浸染，也可以从种植和管理作业中产生的伤口、害虫啃食的伤口、叶或植株基部自然脱叶裂口或伤口处浸染为害。软腐病受害处开始时呈暗绿色水浸状，迅速转变成褐色并软化腐烂，有特殊臭味，叶片迅速变黄。发现此病，要及时加强通风透

图 4-44 软腐病初期症状——叶片开始发黄
图 4-45 软腐病中期症状——离地面一定距离处的茎段出现腐烂
图 4-46 软腐病中期症状——离地面一定距离处的茎段出现腐烂
图 4-47 软腐病后期症状——叶片腐烂

▲ 图 4-48 软腐病初期状况 （茎部变黄，叶子、根部正常）

▲ 图 4-49 软腐病中期状况 （茎部变黄，叶子开始腐烂，根部正常）

▲ 图 4-50 软腐病后期状况 （茎部腐烂，叶子变黑腐烂，根部正常）

▲ 图 4-51 种苗健康生长状况

光和降低棚内湿度，并移除病株以及病株处的基质（因软腐病病原菌在带有残体的基质中可长年存活），然后重新用消过毒的基质栽植周围未感染的铁皮石斛植株。此外，昆虫也能传播此病，因此，还要作好防虫工作。

药物防治 a. 用1000倍代森锰锌溶液与2000倍农用链霉素溶液，分桶配制，然后将2种药混合均匀，用喷雾器喷植株及圃地；b. 用1000倍甲基托布津溶液喷杀；c. 用1000倍科博溶液喷杀；d. 单用1000倍农用链霉素溶液喷杀。上述4种方法交替使用，每周1次，直至病情控制为止。

(2) 炭疽病 (图4-52)

该病在高温多湿、通风不良的条件下易发生，主要由半知菌亚门刺盘孢属真菌引起。发病初期，叶上出现黄褐色稍凹陷小斑点，逐渐扩大为暗褐色圆形斑。叶尖端病斑可向下延伸造成叶片分段枯死；叶基病斑连成一片可导致全叶迅速枯死。炭疽病大量发生时可造成铁皮

▲ 图 4-52 炭疽病——示叶基病斑连成一片

石斛植株落叶，从而严重影响生长。一般1~5月均有炭疽病发生，该病原菌的分生孢子主要靠风、雨、浇水等方式传播扩散，从伤口处浸染；若栽植过密、通风不良，铁皮石斛叶片也可相互交叉感染。

防治方法 适当控制水分，加强光照，改善棚内通风条件；清除病株残体，保持环境清洁。

药物防治 a. 75%甲基托布津1000倍溶液；b. 25%炭特灵可湿性粉剂500倍溶液；c. 80%炭疽福美可湿性粉剂800倍溶液。上述3种药物交替使用，每周喷1次，直至病除。

(3) 黑斑病 (图4-53~图4-55)

这是铁皮石斛最常见的一种病害。病原菌主要为害幼嫩的叶片，使叶枯萎产生黑褐色病斑，病斑周围叶片变黄，受害严重时植株叶片全部脱落。老叶基本不会被侵染，二至三年生植株上发出的新叶常被侵染。一般3~5月发生。

图4-53 黑斑病——植株顶部叶片出现不明显的黑褐色斑点
图4-54 黑斑病——典型叶片症状
图4-55 黑斑病后期症状——叶片枯黄

防治方法 加强通风透气，控制水分。

药物防治 a. 25%使百克乳油1000倍溶液；b. 病克净1000倍溶液；c. 75%甲基托布津1000倍溶液。3种溶液交替使用，每周喷1次，直至病除。

(4) 根腐病(图4-56~图4-58)

雨季高温高湿，基质水分过多易发此病。病原菌为真菌立枯丝核菌。主要为害肉质根并引发植株基部腐烂。发病初期根上出现浅褐色、水渍状病斑，病情扩展后叶片变为褐色并腐烂，根则逐段腐烂直至全根腐烂，最后蔓延到植株的基部。由于根系受害，轻时叶尖干枯，叶片黄绿，长势差；重时全株死亡。软腐病与根腐病的区别在于：前者先烂茎、叶，后者先烂根系。

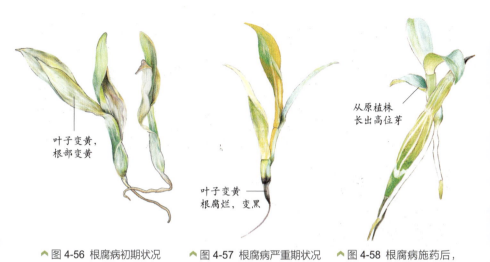

▲图 4-56 根腐病初期状况　　▲图 4-57 根腐病严重期状况　　▲图 4-58 根腐病施药后，恢复生长状况

防治方法　a. 适当控制水分，加强光照，加强棚内通风条件。尤其在立冬以后，大棚气温降至10℃左右时，同样要通风透气，切勿严密封盖薄膜，否则易暴发大面积根腐病。半自然栽培棚，必须将高低棚的高面打开，同时斜坡面和低面盖薄膜上防霜冻害。b. 及时清除病株，带出棚外深埋或烧掉。清理过病株的手不能触摸健康植株，以防传染。

药剂防治　用根病灵（别名福美双）1500倍溶液灌根；用根腐宁、根腐灵或绿亨6号1000倍液喷雾；用甲基硫菌灵1000～1500倍溶液喷雾。

(5) 黏菌（图4-59～图4-62）

2012年6月下旬，陈孝柏处有一铁皮石斛苗床发生了大量黏菌。铁皮石斛叶片上、茎上及栽培基质上密密麻麻长满了黏菌，对石斛生长造成一定影响。黏菌是一种原生生物，现在的系统分类学将其系统进化位置归在植物与真菌之间，并且与其他原生生物之间有明显系统进化差异。它喜阴凉潮湿的场所，营寄生生活。

防治方法　1000倍多菌灵、甲基托布津、代森锰锌溶液喷雾，每周1次，交替使用。

图 4-59 黏菌在铁皮石斛叶片的症状　　图 4-60 黏菌在铁皮石斛叶片和植株的症状
图 4-61 黏菌在铁皮石斛植株和栽培基质的症状　图 4-62 黏菌菌丝的形态

2. 虫害防治

虫害对铁皮石斛威胁很大,稍有不当,会造成巨大损失。多年栽培过程中,遇到危害最大的害虫包括蛞蝓、蜗牛、斜纹夜蛾、蝗虫等。现分述如下。

(1) 蛞蝓 (图4-63,图4-64)

基本特征　经查阅相关资料,了解到野蛞蝓 (*Agriolimax agrestis* L.) 属腹足纲、柄眼目、蛞蝓科,别名蜒蚰、鼻涕虫。成体伸直时体长30～60毫米,体宽4～6毫米,内壳长4毫米,宽2～3毫米,长梭形,柔软,光滑而无外壳,体表暗黑色、暗灰色、黄白色或灰红色。触角2对,暗黑色,下边一对短,约1毫米,称前触角,有感觉作用;上边一对长,约4毫米,称后触角,端部具眼。体背前端具外套膜,为体长的1/3,边缘卷起,其内有退化的贝壳(即盾版),上有明显的同心圆线,即生长线;同心圆线中心在外套膜后端偏右。呼吸孔在体右侧前方,其上有细小的色线环绕。腹足扁平,中央有2

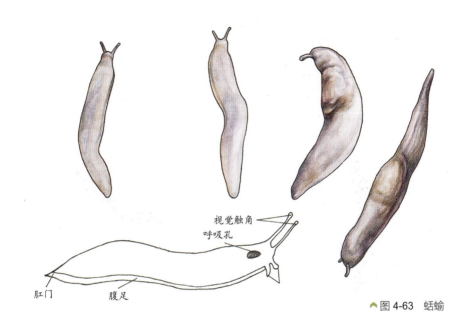

▲ 图 4-63　蛞蝓

条腹足沟。具有体腺,分泌无色黏液。在右触角后方约2毫米为生殖孔。卵椭圆形,韧而富有弹性,直径2~2.5毫米。白色透明可见卵核,近孵化时色变深。初孵幼虫长2~2.5毫米,淡褐色,体形同成体。此外,危害铁皮石斛的还有黄蛞蝓(*Limax flavus*)和双线嗜黏液蛞蝓(*Phiolomycus bilineatus*)。

发生规律　蛞蝓的成虫或幼体在作物根部湿土中过冬。5~7月在田间大量活动为害作物;入夏气温升高,活动减弱;秋季气候凉爽后又大量活动造成危害。蛞蝓完成一个世代约需250天,5~7月产卵,卵期16~17天,从卵孵化至成虫性成熟约55天。蛞蝓的产卵期可长达160天,雌雄同体,异体受精,亦可同体受精繁殖。卵一般产于湿度大、有隐蔽的土缝中或培养材料中。每隔1~2天产一次卵,成堆产卵,每堆10~20粒。每只每次平均产卵量为400余粒。蛞蝓怕光,强日照下2~3小时即死亡,因此,蛞蝓均夜间活动,从傍晚开始,晚上10~11时达高峰,清晨之前又陆续潜入土中或隐蔽处。野蛞蝓生活在阴暗潮湿的草丛、落叶或石块下。气温11.5~18.5℃,土壤含水量为20%~30%对其生长发育最为有利。气温高于26℃

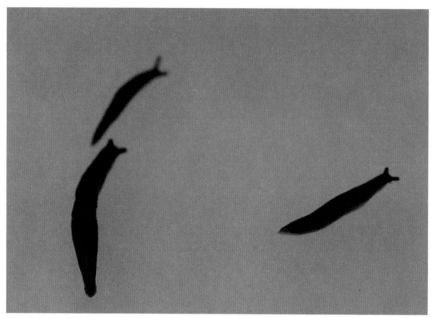

▲ 图 4-64 蛞蝓——示形态特征

或低于14℃时，蛞蝓活动能力下降。产卵适温比活动适温低4~5℃，地温稳定在9℃左右即可大量产卵，超过25℃不能产卵。土壤湿度在75%左右，适于产卵及卵的孵化。蛞蝓耐饥力强，在食物缺乏或不良条件下能不吃不动，潜伏很长时间。蛞蝓主要以舔吸式口器为害幼嫩的叶和茎。蛞蝓为害铁皮石斛后的典型症状是，受害的叶片仅存淡白色的薄膜，叶肉全部被吃光。蛞蝓爬过的地方有明显的白色黏液带。蛞蝓排出的粪便为绿色，长椭圆形，米粒大小。

防治方法 避开低洼地、水湿地、水田、池塘旁等地方作为铁皮石斛栽植场地；若只能在上述场地种植铁皮石斛，则在作床前要清除场地周围的杂草及枯枝落叶，并洒一层生石灰粉以便降低蛞蝓虫口密度，减少危害。

药物防治 防治蛞蝓的特效药为60%甲萘四聚颗粒剂。其有效成分包括甲萘威、四聚乙醛，对蛞蝓等无壳软体动物有特效杀伤力。60%甲萘四聚颗粒剂的特点是引诱力强，并且具有强烈的胃毒和神经毒害作用，对作物安全；使用方法简单，无环境污染；同时下雨或多次浇水也不易化解，只要没有被大雨冲走或被土壤覆盖就不必再施撒该药。使用方法：将颗粒药丸撒施于畦面或铁皮石斛根的周围，最好在日落后、天黑前施用，雨后转晴的傍晚尤佳。每亩用量0.5～0.75千克，施药温度在13～28℃为宜。若使用甲萘四聚颗粒不理想时，可用一种商品名叫"地下原子弹"、专治地下害虫的有机农药，该药有缓释作用，有效期长，无内吸作用。"地下原子弹"适用蔬菜、果树、花生、中药材等农产品的无公害生产，其有效成分主要包括毒死蜱，含量为15%。该药为颗粒型，适宜雨后撒施。凡高架床的下面及步道、排水沟、苗床四周，都应撒上"地下原子弹"，形成隔离带，效果非常好。但铁皮石斛栽植床面，仍以撒甲萘四聚颗粒并结合人工捕捉为佳。特别值得注意的是，上述2种药误服有毒，施药前应详细阅读说明书，施药后用肥皂水洗手及接触过药的皮肤；用药时不要进食、饮水或吸烟，如感不适，即请就医，并出示农药标签。长期使用甲萘四聚颗粒剂会使蛞蝓产生抗药性，效果明显降低，这时必须改用密达。据陈孝柏试用，密达效果很好，施药后，蛞蝓全死光。

生物防治 在蛞蝓为害期间，在畦面及其周围喷施油茶饼液。具体方法是，粉碎油茶饼0.5千克，加水5千克，浸泡10小时左右，搅拌后过滤，向清液中再加水20～25千克，然后喷雾施用。

2009年在刘叙勇处的铁皮石斛种植棚内发生大量的蛞蝓危害，近万株铁皮石斛的叶片几乎全部被吃光（图4-65～图4-69）。在2009年6月23日至26日4个晚上，刘叙勇带领6个人捉了1万多条蛞蝓，1株小苗上最多竟有7条蛞蝓。别看蛞蝓体积小，但真有点"惊心动魄"。当我们用硫酸铜粉剂堵住地面上蛞蝓向上爬的通道时，它们竟然从围栏的铁丝网爬到遮阳网上，穿越小孔隙，"空降"到铁皮石斛栽培的畦面上，真可谓"虫小鬼大"。此外，对乐果、氧化乐果、敌敌畏等农药，它们毫不惧怕，沾到身上，也不死。后来，我们请教宋希强教授，用"四聚乙醛"颗粒，撒于畦面上，才把它们杀死。

图 4-65 蛞蝓爬过之处——示白色黏液带
图 4-66 蛞蝓为害初期症状
图 4-67 蛞蝓为害典型症状——示叶片仅存淡白色的膜状物质
图 4-68 蛞蝓为害后期症状——叶片成筛状
图 4-69 蛞蝓为害对生长的影响——无叶的茎为遭受蛞蝓危害的茎

(2) 蜗牛

发生规律 蜗牛是地上爬行的腹足纲软体动物，一般一年繁殖1～3代，在湿度大、温度高的季节繁殖很快。每年5月中旬至10月上旬是活动盛期，多在4～5月产卵于草根、土缝、枯叶或石块下；每个成体可产卵50～300粒。6～9月，蜗牛的活动最为旺盛，一直到10月下旬开始减少。

防治方法 对蜗牛的防治通常要采取一系列综合措施，着重减少其数量。消灭成年蜗牛的主要时期是春末夏初，尤其在5～6月蜗牛繁殖高峰期之前。这期间要破坏适宜蜗牛繁殖的环境，具体措施包括以下几点。a. 控制土壤水分。上半年雨水较多，特别是地下水位高的地区，应及时开沟排除积水，降低土壤湿度。b. 人工锄草或喷洒除草剂清除绿地四周、花坛、水沟边的杂草，去除地表茂盛的植被、植物残体、石头等杂物，这样可降低湿度，减少蜗牛隐藏地，破坏蜗牛栖息的场所。c. 春末夏初前要勤松土或勤翻地，使蜗牛成体和卵块暴露于土壤表面，在阳光下暴晒而亡。冬春季节天寒地冻时进行翻耕，可使部分卵暴露地面而被冻死或被天敌取食。d. 人工捡拾。该办法虽然费时但很有效。坚持每天日出前或阴天蜗牛活动时，在土壤表面和绿叶上捕捉，使其群体数量大幅度减少后可改为每周一次。捕捉的蜗牛一定要杀死，不能扔在附近，以防其体内的卵在母体死亡后仍孵化。e. 撒生石灰带也是防治蜗牛的有效办法。在绿地边撒石灰带，蜗牛沾上石灰就会失水死亡。此方法必须在绿地干燥时进行，可杀死部分成年蜗牛或幼虫。

药物防治 采用化学药物进行防治，于发生盛期每亩用2%的灭害螺毒饵0.4～0.5千克搅拌干细土或细沙，或5%的密达（四聚乙醛）杀螺颗粒剂0.5～0.6千克，或8%的灭蜗灵颗粒剂0.6～1千克，或10%的多聚乙醛（蜗牛敌）颗粒剂0.6～1千克，于傍晚均匀撒施于草坪土面。成株基部放密达20～30粒，灭蜗牛效果更佳。

(3) 斜纹夜蛾（图4-70～图4-73）

斜纹夜蛾幼虫主要以咀嚼式口器为害幼嫩的叶和茎，被危害的叶片、新芽与幼茎被啃断或啃成缺口。在铁皮石斛苗床中，斜纹夜蛾幼虫白天常

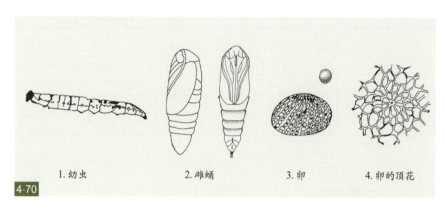

1. 幼虫　　2. 雌蛹　　3. 卵　　4. 卵的顶花

4-70

图 4-70　斜纹夜蛾幼虫
图 4-71　斜纹夜蛾
图 4-72　斜纹夜蛾幼虫形态
图 4-73　斜纹夜蛾幼虫从遮阳网"空降"到种植床

4-71　　4-72

4-73

躲在基质中，常被误认为是地老虎，但仔细观察斜纹夜蛾幼虫和地老虎是有区别的。斜纹夜蛾在亚背线内侧各节有一近半月形的黑斑，而地老虎幼虫则没有；斜纹夜蛾晚上爬到植株上面吃叶和茎，地老虎则是咬断植株拖入洞中取食，往往洞口留有植物的茎、叶；翻开地下基质，能看到成群的斜纹夜蛾幼虫，多达几十条，地老虎则以单个成体为主。鉴别斜纹夜蛾幼虫和地老虎很重要，它们的防治方法各不相同。经过多种药物比较，以"乙基多杀菌素"防治斜纹夜蛾幼虫效果最好。该药有效成分含量为60克/升，剂型为悬浮剂，无内吸性。具体用法是稀释到1000倍喷雾，喷雾时应均匀周到。药剂易沾附在包装袋或瓶壁上，需用水洗一下。施药后6小时内遇雨，待天晴后需补喷。

基本特征 斜纹夜蛾成虫是体形中等略偏小(体长14～20毫米、翅展35～40毫米)的暗褐色蛾子，前翅斑纹复杂，其斑纹最大特点是在两条波浪状纹中间有3条斜伸的明显白色带纹，故名斜纹夜蛾。幼虫一般6龄，老熟幼虫体长近50毫米，头黑褐色，体色则多变，一般为暗褐色，也有呈土黄、褐绿至黑褐色的，背线呈橙黄色，在亚背线内侧各节有一近半月形或似三角形的黑斑。该虫年发生4代(华北)～9代(广东)，一般以老熟幼虫或蛹在田基边杂草中越冬，广州地区无真正越冬现象。在长江流域以北的地区，该虫冬季易被冻死，越冬问题尚未定论，推测当地虫源可能是从南方迁飞过去的。长江流域斜纹夜蛾多在7～8月大发生，黄河流域则多在8～9月大发生。成虫夜出活动，飞行力较强，具趋光性和趋化性，对糖、醋、酒等发酵物尤为敏感。卵多产于叶背的叶脉分叉处，在茂密、浓绿的作物产卵较多，堆产，卵块常覆有鳞毛而易被发现。初孵幼虫具有群集为害习性，3龄以后则开始分散，老龄幼虫有昼伏性和假死性，白天多潜伏在土缝处，傍晚爬出取食，遇惊就会落地蜷缩作假死状。当食料不足或不当时，幼虫可成群迁移至附近田块为害，故又有"行军虫"的俗称。斜纹夜蛾发育适温为29～30℃，一般高温年份和季节有利其发育、繁殖，低温时易导致虫蛹大量死亡。斜纹夜蛾虫食性很杂。食料类型(包括不同的寄主，甚至同一寄主不同发育阶段或器官)以及食料的丰缺，对其生育繁殖都有明显的影响。间种、复种指数高或过度密植的田块有利其发生。天敌有寄生幼虫的小茧蜂和多角体病毒等。

农业防治 a. 及时中耕除草，除尽田间及周围的杂草，减少斜纹夜蛾适宜的产卵场所；在高龄幼虫期和蛹期搞好深中耕，消灭土壤中的幼虫和蛹。b. 清洁田园。作物收获后及时清园，残株落叶带出田外处理，可杀灭部分幼虫和蛹。c. 结合田间其他农事活动摘除卵块和初孵幼虫的叶片，对于大龄幼虫也可人工捕捉。d. 合理调整作物布局。斜纹夜蛾虽然食性杂，但不同的作物受害程度还是有一定区别的，斜纹夜蛾发生较重时，要尽量避免种植斜纹夜蛾嗜好的作物。

物理防治 斜纹夜蛾成虫均具有较强的趋光性和趋化性，可利用黑光灯、频振式杀虫灯、性诱剂、糖醋液等进行诱杀。有条件的地方，可积极推广应用频振式杀虫灯进行防治。

保护和利用天敌 斜纹夜蛾的天敌很多，包括捕食性和寄生性的昆虫、蜘蛛、线虫和病毒微生物等，对斜纹夜蛾的自然控制起着重要的作用，在生产实践中要加以利用。

化学防治 化学防治目前仍是防治斜纹夜蛾的主要手段。由于高龄幼虫具有耐药性强、昼伏夜出及假死等特点，在化学防治时要注意充分利用，做到以下几点。a. 确定防治对象，根据大田虫情普查情况，一般每亩有初孵群集幼虫3~5窝，应列为防治田，积极组织进行防治。b. 适时用药，一定要在卵孵化盛期，最好掌握在2龄幼虫始盛期施药，特别是大面积种植的蔬菜基地通过经常田间调查观察，可及时掌握斜纹夜蛾的产卵高峰期和卵孵高峰期，从而决定用药的最佳适期(产卵高峰期后5天左右即为卵孵高峰期，也是用药的适期)。当日具体施药时间，以在下午6点以后用药为好，防治面积较大可适当提前用药。c. 低容量喷雾。选用1毫米的喷片孔径低容量喷雾，每亩用水量40~50千克，喷雾要均匀周到，除了作物植株上的各个部位都要均匀喷一遍药外，对植株根际附近地面也要同时喷透，以防滚落地面的幼虫漏治。d. 选择高效、低毒、低残留的农药，少用拟除虫菊酯类药剂，有控制地选用中等毒性以下的有机磷农药；并且要轮换使用不同作用机制的药剂，并注意合理混用。可参考使用的以下几种主要农药：有机磷类(乐斯本、快杀灵、毒死蜱、喹硫磷、阿维菌素的混和剂)、拟除虫菊酯类(杀灭菊酯、功夫、高效氯氰菊酯、高效氟氯氰菊酯等)、生物农药类(绿净、BT+阿维菌素)、昆虫生长调节剂类(氟啶脲、抑太保、卡死克、米满、除尽、锐劲特等)。在进行化学防治时还应注意与生物防治措施相配合，尽可能使用对天敌杀伤力小的选择性药剂，并注意在田间防治其他病虫害的药剂选择时，要尽量选用生物药剂、低毒农药，充分发挥自然天敌的控制作用。斜纹夜蛾迁移性强，危害作物品种多，作物生育期不一致，农民又千家万户分散生产，这就导致漏治现象普遍，因而在防治上尽可能搞好技术宣传，在同一时间内开展统一防治，以提高防治效果。

药剂防治 在幼虫3龄前喷药防治，如50%辛硫磷乳油1500倍溶液、15%菜虫净乳油1500倍溶液、2.5%敌杀死乳油3000倍溶液等，还可选用20%灭扫利3000倍溶液；10%吡虫啉2500倍溶液；15%菜虫净1500倍溶液；80%敌敌畏1000倍溶液；90%敌百虫1000倍溶液等交替使用，以免害虫产生抗药性。在早上10点或下午4点用药效果好。4龄后幼虫具有夜间为害特性，施药应在傍晚进行。

诱杀成虫 按酒∶水∶糖∶醋=1∶2∶3∶4的比例配制诱虫液，将盆于傍晚放于田间(用支架等方法使盆高于植株)，诱杀成虫。在各代盛孵期，注意检查叶背面，发现卵块和新筛网状被害叶，随手摘取集中喷药消灭。

(4) 蝗虫 (图4-74~图4-76)

山区、丘陵区栽培铁皮石斛的圃地均有蝗虫为害。而且蝗虫食量很大，容易成灾。蝗虫为害盛期为6~8月高温期。

一般防治方法 在栽培地四周及顶棚全部盖上遮阳网，可防蝗虫及其他蛾类进入；但林下栽培的，只能靠药物防治。

药物防治方法 1~2龄阶段用1000倍乐果乳油溶液喷杀，效果较好，但该方法对成虫无效。成虫只能用尿液诱杀法。具体操作方法是，用纯尿5千克，加入50~80毫升乐果或敌敌畏等农药原液，再将稻草扎成小束，浸于尿液中24小时，于上午10时以后，置畦面或步道，每隔1~2米放一束用尿药液浸过的稻草。利用中午高温，将尿的气味蒸发出来，蝗虫闻到尿味(因蝗虫喜吃尿)，前来吸食稻草中的尿而中毒。

除了蝗虫外，铁皮石斛的其他害虫还有螽斯（图4-77）、避债蛾（图4-78）等，何烈熙同志在林下圃地设诱蛾灯来诱杀害虫（图4-79），效果很好。

图 4-74 蝗虫形态特征
图 4-75 被蝗虫为害的铁皮石斛叶片的状况
图 4-76 被蝗虫为害的铁皮石斛幼果的状况
图 4-77 螽斯正在为害铁皮石斛
图 4-78 避债蛾正在为害铁皮石斛植株
图 4-79 简易诱蛾灯

(5) 鼠害（图4-80，图4-81）

家鼠、山鼠都爱吃铁皮石斛，一旦吃上瘾，一只鼠一个晚上可吃掉几十株，而且专选生长最好的吃。所以，鼠害最使人揪心。老鼠非常机灵，很难防住它。

防治方法 总结几年的经验，防治方法包括以下几种。a. 毒饵诱杀法。购鼠药拌上米饭，置老鼠经常出没的地方。b. 粘鼠法。购"万友粘鼠大侠"粘鼠板，放在老鼠为害的地方。一旦老鼠踩上粘鼠板，再也无法逃脱。同时，被粘住的老鼠会向同伴发出此地危险的信号，要它们不要来这"危险地方"送死。因此，该方法作用大，只要粘住一只鼠，2～3个月内就没鼠来为害。c. 抛尸恐吓法。将捕捉的老鼠尸体剁碎成小块，撒于老鼠经常活动为害的地方。老鼠闻到同类尸体气味，便逃之夭夭，再也不敢光顾，可保3～4个月"太平"。对付老鼠，要经常更新方法才能收到较好的效果。特别值得一提的是，夏天铁皮石斛苗圃地里常有青蛙、蛇类活动。这是求之不得的好事，因为青蛙吃害虫，蛇吃鼠类，也吃青蛙，这是一个食物链。我们要好好保护这些"小精灵"为我们服务，千万别伤害它们。

▲图 4-80 为害铁皮石斛的山鼠

▲图 4-81 被山鼠为害后的症状——示铁皮石斛茎被山鼠啃断

3. 铁皮石斛禁止使用的农药。

铁皮石斛为"中华九大仙草"之首,各种昆虫及鼠类都十分喜吃,也许它们也想成"仙"。由于病虫害较多,不得不使用一些农药,但用药原则必须低毒、无残留,尽量不用或少用农药。下面是2002年中华人民共和国农业部公告(第194号和第199号)生产无公害铁皮石斛禁止使用的农药:

六六六、砷、毒杀芬、二溴氯丙烷、杀虫脒、二溴乙烷、除草醚、艾氏剂、狄氏剂、汞制剂、滴滴涕、铅类、敌枯双、氟乙酰胺、甘氟、毒鼠强、氟乙酸钠、毒鼠硅、甲胺磷、四基对硫磷、对硫磷、久效磷、磷胺、甲拌磷、甲基异柳磷、特丁硫磷、甲基硫环磷、治螟磷、内吸磷、克百威、涕灭威、灭线磷、硫环磷、蝇毒磷、地虫硫磷、氯唑磷、苯线磷、氧乐果、水胺硫磷、灭多威等高毒、高残留农药。

据介绍,铁皮石斛对铜离子十分敏感。因此,在防治病虫害时,不宜使用硫酸铜、波尔多液等含铜离子的农药。

八 铁皮石斛的越冬管理

铁皮石斛的自然栽培与半自然栽培模式,在低温阴雨、冰雪、霜冻天气,易遭冻害(图4-82)。冻害表现特征为,叶片像沸水泡过一样,接着掉叶,严重时茎变软成真空状干枯;根系及根茎未死的植株,第2年春天,能萌出芽来,长几片叶,形成很小的植株,但长势很差,若再不采取防寒措施,第2个冬天则整株死亡。因此,铁皮石斛不宜在海拔800米以上地区栽培。为保险起见,提倡海拔600米以下(包括600米)地区种植。

当气温降至5℃左右时,就要采取防寒措施。5℃是铁皮石斛的防寒警戒线。越冬苗不掉叶,来年新芽萌发就早,生长快,这是丰产的关键。理想的铁皮石斛植株越冬状况应该是叶不脱落,茎具有不同程度的皱缩(图4-83、图4-84)。越冬需作好如下几项工作。

(1) 入冬前于11月上旬围地全面喷洒一次1000倍代森锰锌溶液防病。

(2) 10月底停止施肥,11月至翌年2月不要施肥。3月气温回升至10℃以上时施1000倍"花多多"或磷酸二氢钾肥。

图 4-82 铁皮石斛植株遭受冻害的状况
图 4-83 铁皮石斛植株过冬时茎具有轻微的皱缩
图 4-84 铁皮石斛植株过冬时茎具有典型的皱缩

(3) 加固防寒防雨高低棚及荫棚，严防雪压与霜冻。一旦雪、霜落到铁皮石斛苗上就会造成苗的死亡。因此，防寒马虎不得，一定要提高警惕，注意收看天气预报，提早做好防寒、防霜冻准备。特别是防霜冻，因为是晴天夜晚有霜，容易使人放松警惕而漏防。

(4) 科学盖好防寒棚。揭、盖防寒、防雨棚，非常费时费工，容易使人疲劳。巧妙的办法是，覆盖防寒薄膜时，低面和斜坡面盖严，高面灵活变动，大多数时间，高面薄膜盖到离地10～15厘米用于通气就可以了；床面两端的薄膜打开通气，这样通气防寒两不误。但铁皮石斛是附生植物，对空气十分敏感，所以每隔10天左右，利用晴天，于上午10时至下午4时，将高面全打开，让它们吸收新鲜空气和沐浴阳光(下午4时后，高面仍按原样盖好)。这点很重要，若1～2个月不打开，铁皮石斛就容易生霉蕈，产生软腐病。请记住，铁皮石斛的管理，任何时候，通气良好都是第一位的。

九 铁皮石斛发生药害、肥害造成僵化苗的解救方法

铁皮石斛在栽培过程往往因肥料浓度过高、用药比例不当或误用含铜离子的微量元素肥或药而对铁皮石斛造成伤害。具体表现为，叶片萎缩，精神不振，严重时叶黄，叶片脱落，影响生长；整个植株则变成停滞不长，不发新根，不长新叶的僵化苗。

铁皮石斛发生药害、肥害后的解救方法如下。

用"硕丰481"一小包（液剂）兑清水15千克，再用食醋50克、白糖（或红砂糖）50克充分溶解后与"硕丰481"水溶液混合。用喷雾器均匀喷于叶面及茎上，每隔7天喷1次，连续喷3次，可以恢复生长。我们还将其用于病后生长不良的植株，同样收到良好的效果。

用药成分说明。

硕丰481 有效成分为芸苔素内酯，含量为0.1%。主要作用：生长调节剂，促进植物生长增产。注意事项：不能与碱性农药混用，可与中性、弱酸性农药混用；用药后6小时如遇雨淋，需补喷。另外还有"硕丰481"粉剂，效果相同，但用时需用50～60℃的温水溶解后再用。"硕丰481"的特点是低毒，安全，无农药残留。

食醋 就是我们常吃的米醋，它对生长不良的植物有"起死回生"的作用。食醋能加强植物的光合作用，提高叶绿素含量，增强植物抗病能力。

白糖或红砂糖 含有丰富的矿物质、维生素、氨基酸、葡萄糖、果糖、叶酸、核黄素、胡萝卜素、纤维素……能提供植物丰富全面的营养，促进细胞再生。

因此，"硕丰481"+食醋+白糖（或红砂糖）是一个很科学的配方，经多次大面积使用，效果很好。

5 铁皮石斛的原生态栽培

铁皮石斛的原生态栽培是指根据铁皮石斛自然生长环境和习性，完全按野生铁皮石斛的生长条件，不施肥、不打农药、不遮阴、不浇水、不防寒防雨，百分之百地按自然规律进行栽培。这种在严酷自然环境中生长的铁皮石斛，能最大限度地保持其优良的遗传特性，同时对恢复野生铁皮石斛种群、恢复丹霞石壁原始自然景观、改善生态环境、提高景区美学价值，都具有重要意义。对铁皮石斛产业来说，原生态栽培模式具有无限的生命力，不但能提高铁皮石斛的品质，还能抗御市场风险，此外，对提高景区人民的生活水平也有很大帮助。因此，铁皮石斛的原生态栽培是今后铁皮石斛产业发展的重要方向之一。

崀山有许多"一线天""石弄子"，生态环境独特，具有得天独厚栽培野生铁皮石斛的自然条件。下面介绍一下主要栽培模式。

一 崖壁原生态栽培

选择便于操作、背风、阴凉湿润、巷弄两边的悬崖峭壁上，以背北风面和岩壁孔、穴为好。用人工吊绳把工作人员从山顶上一步步放下来到栽植位置。栽植方法：用少量苔藓将铁皮石斛苗的根部略包一下，然后糊上保水黏胶剂，将苗根系连同苔藓一道黏附于岩壁上。注意：用于岩壁上栽植的铁皮石斛苗必须是驯化一年以上的健壮苗；根部包裹苔藓贴石壁面要少；栽植密度不限，以便于操作和采收为准则；同时，不要将苗栽种在流水冲刷很强的石壁上，以防止苗被雨水冲走。石壁栽植时间，以4月和5月最好。在进入三伏天高温期前，它有两个月的生长适应期，对提高成活率很有好处。因为伏天丹霞石壁表面中午至下午3点温度高达60~70℃，一般植物是很难成活的。所以，不要在6月份栽植，因为铁皮石斛尚未扎根就进入伏天，往往被高温灼伤致死。秋季只宜9月栽植，因为10～11月为入冬前的适应期，植株必须长出新根系牢牢爬在石壁上，才能安全越冬(图5-1，图5-2)。

图 5-1 丹霞石壁上栽植铁皮石斛的准备工作
图 5-2 丹霞石壁上栽植铁皮石斛的过程

二 树体原生态栽培

选择管理操作方便、郁闭度0.7以上、阴凉湿润的林中大树或房前屋后零星大树，胸径一般在14厘米以上的树木栽培铁皮石斛。适宜的树种有板栗、锥栗、枹栎、柯（石栎）、杜英、梨、灰叶稠李、缺萼枫香树、尖叶四照花、蓝果树、银木荷等。忌在樟科、木兰科树种上栽培，因这些树种树皮所具有的香气对铁皮石斛生长不利。在树体上栽植位置选择背北风面和树杈处，高度3米以下，栽植密度每隔50厘米栽1丛为宜。栽植方法：a. 先将消毒后的湿润苔藓包铁皮石斛苗根后，用扎包带捆绑，也可用草绳、葛藤、红藤等捆绑，注意贴近树皮一侧的苔藓要少，苗木根系要自然舒展；b. 将水田泥拌上钙镁磷或新鲜牛粪，比例5∶1，充分拌匀成糊状，把铁皮石斛苗糊稳，然后用扎包带等捆绑。栽植时间同岩壁栽培。树上栽培比岩壁上容易操作，生态条件也优越得多，无需用保水黏胶剂；若遇大旱，还可喷雾抗旱，提高成活率(图5-3，图5-4)。

▲ 图 5-3 树干上种植铁皮石斛固定方法a

图 5-4 树干上种植铁皮石斛固定方法b

三 林下栽培

目前林下栽培成功的仅崑山石田村何烈熙处马尾松林内的铁皮石斛（图5-5）。该处为马尾松纯林，树龄25年，平均树高15.5米，平均胸径21厘米，郁闭度0.7～0.8，枝下高8米。林地系板页岩发育的黄红壤土，pH值为6，坡度25°，坡向东南。该林地特点是排水和通气良好。下雨时，雨水沿马尾松针叶落到铁皮石斛叶片的水滴较小，没有造成伤害现象，故铁皮石斛生长正常。但何烈熙处在板栗林下的2箱铁皮石斛生长不良，逐渐死亡。主要原因是郁闭度太大，通风透气不良，无阳光照射。同时，板栗树叶片大，汇集的雨水多，雨后下滴的水珠大，具有很大的冲击力，容易损伤铁皮石斛叶片，导致病害而死亡。黄龙镇茶亭村陈孝柏处在灯台树下的一箱的铁皮石斛也生长不良，死亡不少。窑市镇满师傅生态园在板栗林下种铁皮石斛，凡板栗林过密、通风透气差、光照不足的均生长不良而逐渐死亡。因此，在选择林下栽培铁皮石斛时，应选类似何烈熙处的马尾松林下；阔叶林下不宜选用；杉木林下是否适合铁皮石斛生长，有待实验研究。

▲ 图 5-5 马尾松林下成功种植铁皮石斛

四 不同栽培模式需要选用不同的栽培基质

原生态床式栽培模式的栽培基质，宜用碎红砖4份，碎树皮4份，碎树叶2份三者混合的基质。其优点如前所述。不宜用纯粗木屑、菌糠、锯末等，因为这些基质排水、透气性差，当自然雨水很大或下雨时间长时，基质水分过度饱和，短时间内不易恢复潮润状态，容易引起烂根或诱发软腐病。

大棚栽培模式需要人工控温、控湿。栽培基质可根据生产需要选用多种栽培基质。如崀山珍稀植物所的铁皮石斛驯化大棚，栽培基质用的就是纯粗木屑（长1厘米，宽0.5厘米，厚2～3毫米），基质湿透后，可以5～6天不淋水（也不让自然雨水进入）而保持较长的潮润时间。但技术操作要求较高，技术人员要恰到好处地掌握湿度，确定喷水时间与频度。

大棚丰产栽培基质，应与驯化栽培基质不同，粗木屑中要加碎树皮、碎红砖、碎树叶，增加透气、排水性能，提供有机肥料。如何恰当比例配置，有待生产过程中探索。

栽培基质铺多厚才恰当？前几年原生态床式栽培的经验表明，以8～10

厘米为宜，并不是越厚越好。因为铁皮石斛是附生植物，遗传基因决定它必须在通气良好的环境中才能生长得好。8~10厘米厚的栽培基质，完全可以满足它生长的需要。作者曾用塑料筐盛满栽培基质，厚约15厘米，但栽培其中的铁皮石斛反而生长不好，出现烂根现象。同样何烈熙与陈军同志曾用竹篮盛满栽培基质，厚约20厘米，其中的铁皮石斛的长势还不如苗床上的好。

大棚栽培基质以什么厚度为最佳，也有待摸索。

五 不同种源的高生长高峰期不同

黄龙镇茶亭村陈孝柏处，海拔600米，原生态床式栽培的铁皮石斛中，崀山铁皮石斛种源高生长的高峰期出现在6月至8月中旬；8月下旬开始高生长速度减慢，有的植株开始"封顶"进入粗生长阶段。而云南广南铁皮石斛种源，高生长高峰期出现在7月下旬至9月，4月至7月中旬生长速度很慢，而8月下旬就超过崀山铁皮石斛种源，9月上旬则正处在生长高峰期。

大棚栽培是否有此现象，有待观察。

6 铁皮石斛的采收

据安徽农业大学丁亚平等人的研究,认为铁皮石斛1~4年生的茎中有效成分包括生物碱、多糖、17种游离氨基酸、16种重要微量元素。若以清音明目为治疗目的,应在第4年采收;若以增强免疫力为治疗目的,宜在第1年或第3年采收;若兼顾上述两者及产量,则铁皮石斛的最佳采收期在第3年秋季。

我们通过几年的实践,认为新宁县实际情况是基本符合上述研究结论的。第1年苗太小,产量低;第3年植株基本长成,可以适当采收。如2011年秋,何烈熙采收了约40平方米二年生苗,收获铁皮石斛鲜茎20千克,每千克出售价1000元,共收入2万余元,平均每平方米产量为500克,产值500元。

采收的方法:采大留小,采老留新,嫩茎正在继续生长的不采。每丛要留2株作母株,以便翌年萌发新茎;同时采收的茎要离地面1~2厘米剪取,有利萌发新茎。采后要加强管理,越冬注意防寒。圃地上要施适量的半腐朽树叶、树枝,增加有机肥,促进苗木恢复生长。

铁皮石斛在采收前2个月,停止使用农药和施肥。

7 铁皮石斛的使用方法介绍

铁皮石斛的有效成分主要为生物碱,这种物质难溶于水,必须延长煎煮时间,通过高温久煎使其水解发挥疗效。这个特点,必须掌握,否则不但造成巨大浪费,还治不好病。现介绍几种吃法。

鲜茎 取鲜茎15克左右洗净,切成0.5厘米小段,置砂锅内煮一个小时,再将药汤与药渣置保温杯内1个小时后吃。汁液与渣成稀浆状,渣嚼之粘牙,微甜就可以。也可用于熬鸡汤、排骨汤或煮稀饭。铁皮石斛鲜茎,置冰箱冷藏室保存1~2个月也不会坏。

干品(铁皮枫斗) 取3~5克枫斗,先用水煎半小时,然后捞起,拉成直线,用干净刀背轻轻敲裂其外皮,剪成0.5厘米长小段,再放入原汤内用小火熬4~5小时,直至药汁黏稠。

与其他中药配伍 石斛先煎1~2小时,再加入其他药一同煎煮。

花 取干花10朵左右(1人1次量),先煎煮半小时,再置保温杯内半小时,就可以喝汤吃花瓣了。花瓣还可以炖鸡、炖肉吃。

8 新宁县铁皮石斛栽培生长情况

一 湖南省新宁县具有发展石斛产业的优越自然条件

新宁县位于湖南省的西南,全境位于东经110°28′53″～111°18′30″,北纬26°15′16″～26°55′25″,土地总面积为276 689.5公顷,森林覆盖率62.5%。气候具有中亚热带季风性湿润气候的特点和典型山地气候的特色。年平均气温17℃,最冷月为1月,月平均气温5.3℃,极端最低气温-8.8℃;7月最热,月平均温度27.9℃,极端最高气温39.8℃;全年≥10℃积温为5295.8℃,无霜期289天,年平均降水量1331.1毫米,年平均相对湿度81%。这种气候条件有利于铁皮石斛生长。

新宁的铁皮石斛自然分布于崀山风景名胜区100多平方千米的丹霞地貌的悬崖绝壁上(图8-1,图8-2)。我们暂时定名为崀山铁皮石斛。崀山铁皮石

图 8-1 崀山丹霞地貌景观

斛只在丹霞岩石上有分布，其他地方尚未发现。崀山铁皮石斛属宽叶型铁皮石斛，茎呈铁绿色，短而粗壮，质重，气微，嚼之有黏性，味甘，少渣。自20世纪50年代以来，每隔4～5年，浙江一带的石斛商人就来崀山一带采收一次，至今未断。据说崀山的铁皮石斛采回后，都被加工成高档精品铁皮枫斗。作者于2009年7月8日见到1株特大野生铁皮石斛，共有茎60条，茎高20～26厘米，粗0.4～0.5厘米，根系十分发达，根长10～15厘米，其中自然枯死6条，占

图 8-2 适宜崀山铁皮石斛生长的丹霞地貌石壁

10%；2009年新发出茎16条，占26.6%；其余的茎都很壮实新鲜，估计该株铁皮石斛年龄应该在8年以上。

铁皮石斛在丹霞石壁上的分布规律是北坡或东北坡居多；大多在山腰中部以上，山顶、山脊线以下山岩突出的下方，即大雨冲刷不到的地方。往往大的植株周围有铁皮石斛幼苗生长，可能是天然更新苗，但数量不多。有铁皮石斛生长的岩石上，几乎见不到其他植物，只有矮小的地衣类和苔藓类植物生长。一般铁皮石斛分布的地方都是上午光照充足，下午较阴，石壁上没有土壤，排水通气良好。夏季高温的伏天，石山阴坡中午的表面温度也在50℃以上，这样严酷的自然条件下，铁皮石斛不仅能正常生长，而且能开花结果传代繁衍，真是奇迹。然而，由于采挖过度，资源日益枯竭，这里的铁皮石斛已到濒危地步。近年来崀山风景名胜区管理处加强了对兰科植物的保

护力度，崀山风景名胜区内野生铁皮石斛种群已有回升趋势。

崀山风景名胜区内，兰科植物很多。附生兰类有：铁皮石斛、重唇石斛(图8-3～图8-5)、罗河石斛(图8-6，图8-7)(田正清曾在丹霞石壁一个小台地上见到约250千克的大群落，现已被人采挖)、蜈蚣兰、圆叶石豆兰、广东石豆兰(石豆兰属植物有大面积的分布，每个群落有100～1000平方米不等)、羊耳蒜、小羊耳蒜、合欢盆距兰、独蒜兰等。半附生兰有：无柱兰、多花兰(种群数量多，单株达到50千克的植株不少)、绶草、叉唇角盘兰、大黄花虾脊兰、泽泻虾脊兰。地生兰有：春兰、建兰、毛葶玉凤花等。这么多兰科植物分布在崀山，说明这里有利于兰科植物生长的真菌一定很丰富。因此，崀山是一个适宜铁皮石斛大面积栽培的宝地！

新宁县还分布着另外一个铁皮石斛种，我们暂定名为靖位铁皮石斛。靖位铁皮石斛生长在靖位乡一带的石灰岩石壁的石缝或石窝处(图8-8)，植株侧旁或上方有阔叶乔木树种遮阴，而在植株生长的石缝、石窝处有苔藓和少量枯枝落叶形成的腐殖土。靖位铁皮石斛比崀山铁皮石斛生长得高

图 8-3 重唇石斛——植株
图 8-4 重唇石斛——茎
图 8-5 重唇石斛——花

大、茂盛，一般高20～50厘米，每株有茎10余条（图8-9～图8-11）。作者于2009年6月9日在靖位乡村民唐寿国家中看到1株靖位铁皮石斛共有7条茎，其中最高的1条长达54厘米，粗0.5厘米，有12个花序42朵花；其他6条茎的高度分别为48厘米，45厘米，30.5厘米，24厘米，17厘米和8厘米（2009年新萌发的茎，正在生长）。靖位铁皮石斛叶片肥大，叶长约6.5厘米，宽约2厘米，茎皮灰白色，花黄绿色，内有紫红色斑块。靖位铁皮石

图8-6 罗河石斛生境
图8-7 罗河石斛植株
图8-8 靖位铁皮石斛的石灰岩生境

新宁县铁皮石斛栽培生长情况 79

图 8-9 靖位铁皮石斛植株
图 8-10 靖卫铁皮石斛果实
图 8-11 靖卫铁皮石斛花

斛生长在石灰岩山地，其植株含钙多，品质较差，含渣多，口感不好，不宜作药食同源的鲜用植物，而且能否单一作为药用铁皮石斛发展还需进一步对其有效成分方面开展研究。不过，靖位铁皮石斛可作观赏植物栽培。总之，靖位铁皮石斛也是珍贵的种质资源，应加强保护，严禁乱挖滥采。此外，距新宁县不远的舜皇山国家级自然保护区内还自然分布有细茎石斛（图8-12～图8-15）、河南小石斛（图8-16）以及舜皇石斛（暂用名，尚未正式命名）（图8-17～图8-20）。

图 8-12 生长在树干上的细茎石斛
图 8-13 细茎石斛植株
图 8-14 细茎石斛成熟果实
图 8-15 细茎石斛的花

图 8-16 河南小石斛　　摄影：金辉

图 8-17 舜皇石斛生境
图 8-18 舜皇石斛植株
图 8-19 舜皇石斛的花(早期)
图 8-20 舜皇石斛开花植株

新宁县铁皮石斛栽培生长情况

1. 龙石山公司铁皮石斛苗情况 (调查日期：2010年9月5日)

(1) 2010年铁皮石斛栽培期天气情况

龙石山公司第一批苗于2010年5月21日送到至9月5日，历经107天，其中连绵阴雨20天，占总天数18.7%；35℃以上高温晴热天气54天，占总天数的50.5%；有利于铁皮石斛生长的天气33天仅占30.8%。龙石山公司第二批苗7月2日送到至9月5日，历经65天；35℃以上晴热高温天气占51天，占总天数的78.5%，适合铁皮石斛生长的天气14天仅占21.5%。9月至11月中旬约80天时间是铁皮石斛生长最佳时期。据何烈熙处观察，每天植株茎可长1毫米以上，最快1天可长3毫米。

(2) 龙石山公司铁皮石斛苗在各栽培处情况

第一批苗42 000株，第二批苗16 000株，合计58 000株，成活54 500株，成活率达94%。另有刘叙仲(舜皇山)处1500株，成活率为70%；崀山大红村陈军处大树上栽培2000株成活率为80%(栽后遇上较长时间的高温干旱)。

何烈熙处 第一批苗调查5丛苗，每丛都萌发了新茎，5丛共有新茎11条，平均每丛2.8条，新茎最高3厘米，一般高1～2厘米，2010年9月5日还在陆续萌出新茎，处于快速生长期；第二批苗约50%的植株已萌发新茎，大多正在出芽。

蒋达财处 第一批苗调查20丛，已萌发新茎的19株，占95%；共萌发新茎46条，平均每丛有萌发的新茎2.3条。新茎最高2.5厘米，一般高1～2厘米。第二批苗长势较差，调查2组：第一组10丛，长出新茎的占50%；第二组10丛，长出新茎的约占30%。2010年9月5日，正处于新茎萌发阶段。瓶苗栽后继续生长的约占50%，平均高11.7厘米，最高达20厘米。

陈军处 这里的铁皮石斛生长最好。第一批苗已长出新茎的占80%～90%，平均每丛有新茎3条，最多的达8条；新茎最高5～6厘米，一般高1～3厘米，长势喜人。第二批苗长出新茎的约占30%，其余正在萌发新茎。瓶苗栽后继续生长的约60%，最高长了10厘米，一般长了3～5厘米，其余40%只长粗约1毫米，不长高，大多萌发新茎。

刘叙仲 (舜皇山) 处 第一批苗1500株，成活率约70%。成活的植株中约80%萌发新茎，新茎高1～2厘米。2009年冬栽植的300株，成活率90%，成活的植株中100%萌发了新茎，每丛2～3条，长势一般。

(3) 病虫害防治

病害 软腐病 (刘叙仲处最严重)、叶黄化病 (蒋达财处最严重)、叶斑病等均按公司的技术指导进行防治，取得较好效果。

虫害 陈军处主要害虫为广纹小蠊，它们多代为害，能将叶片吃成网状，费了很大的力气才防治住，今后可能还会发生；何烈熙处主要害虫是蝗虫。蒋达财处主要害虫是小地老虎和凤蝶幼虫，均采取相应措施治住了。值得一提的是蒋达财处还有野生动物为害，一只臭鼩 (土名：田鼩子，$Suncus\ murinus$) 跑到铁皮石斛苗床上，翻开基质找昆虫食，虽然没有吃铁皮石斛，但将苗床翻乱了。蒋达财每晚去捉，一连守了5晚，才将其打伤，但还是让它跑掉了，不过现在它没有再来了。在山区种铁皮石斛，什么意外的事都可能发生。

9月的气温，正适合铁皮石斛生长。新出茎的植株至11月下旬可能高达10厘米左右；但要达到真正高产还要在第2年。

2. 海南大学铁皮石斛苗情况 (调查日期：2010年9月5日)

何烈熙处栽植海南大学宋希强教授的铁皮石斛苗，第一、二批苗现在生长很好。第一批苗于2008年11月21日送来栽植，至2010年9月5日，历时654天。在定点观测的5丛苗中可以看出，长势很好，鼓舞人心。5丛苗共新生茎18条，每丛平均新生茎3.6条；18条总高度为317.5厘米，每条平均高17.6厘米，最高41厘米，最低3厘米。2010年9月5日，正处于速生期，每天高生长2～3毫米，预计11月底，新茎平均高度可达25～30厘米，最高的会超过50厘米。2010年9月5日，新老苗长在一起，已"封箱"了 (图8-21)。

第二批苗是宋希强教授于2009年3月22日送来栽植的，至2010年9月5日历时533天。在定点观测的5丛苗中，共新生茎14条，平均每丛2.8条。14条总高度158.5厘米，平均高度11.3厘米；最高茎21.5厘米，最低3厘米，预计11月底，平均高度可达20厘米，最高茎可超过30厘米。

▲ 图 8-21 种植2年后,铁皮石斛新老苗一起开始"封箱"

3. 野生铁皮石斛植株生长及人工授粉情况(调查日期:2010年9月5日)

(1) 野生铁皮石斛植株生长情况

2009年10月28日将刘叙勇处的280丛野生铁皮石斛移至何烈熙处栽培。至2010年9月5日历时312天。调查5丛苗,共新生茎12条,平均每丛2.4条,新茎总高度为68.3厘米,平均每条高5.7厘米,最高18.8厘米,最低1厘米(图8-22,图8-23)。2010年9月5日,正处于出茎生长阶段。野生苗栽在林下,光照较充足;茎较荫棚下的苗粗1~2毫米;集中开花,其中116株有花芽,占野生苗总株数的41.3%;有花约230朵,坐果68个,坐果率为29.6%。

(2) 人工授粉情况

2010年何烈熙处铁皮石斛开花较好,共授粉11次,从6月11日开始至7月18日结束,中间每隔3~4天授粉1次。共授粉1781朵花,已坐果252个,授粉成功率14.2%。

图 8-22 野生铁皮石斛植株
图 8-23 野生铁皮石斛植株移栽后生长情况
图 8-24 段俊研究员培育的广南铁皮石斛种苗生长情况
图 8-25 段俊研究员培育的崀山铁皮石斛种苗生长情况

4. 中国科学院华南植物园铁皮石斛苗情况(调查日期：2010年9月5日)

中科院华南植物园段俊研究员的苗于2010年4月23日到达新宁，共3060丛，其中崀山种源400丛，广南种源2660丛。从送到蒋达财处计算日期，至2010年9月5日止，共栽培了135天，长势出人意料的好。崀山铁皮石斛种源调查10丛，共萌发新茎71条，平均每丛7.1条，最多每丛10条，新茎最高2厘米，一般为0.5～1厘米，叶带紫红色，非常壮实可爱。广南铁皮石斛种源调查10丛，共萌发新茎58条，平均每丛5.8条；叶带淡紫红色，长势旺盛。预计这些新茎，至11月下旬高可达5厘米左右，第2年将有生长高峰期(图8-24，图8-25)。

5. 舜皇山树上栽培野生铁皮石斛生长情况(调查日期: 2010年4月16日)

在海拔1000米处的枹栎树上栽培的野生铁皮石斛因倒春寒冻死30%,其余冻伤的植株现又萌发了新茎,调查了13丛,共萌发新茎25条,平均每丛1.9条。叶为淡紫红色,高1~2厘米。在背风处1株胸径25厘米的枹栎树上栽的一种"野生铁皮石斛",全部成活,新萌发的茎十分粗壮,茎粗达0.6厘米,但不高,仅2~3厘米,应该是河南小石斛。海拔900米处树上栽培的铁皮石斛没有冻害,全部成活,但生长较慢,产量低(图8-26)。

6. 崀山铁皮石斛优良生长特性的初步验证(调查日期: 2012年7月27日)

从2011年5月起至2012年7月, 6批在黄龙镇茶亭村甘冲罗斯丽基地种植段俊研究员提供的崀山铁皮石斛瓶苗46 400丛,计14万株,占地2亩。该处海拔600米,是越城岭主山脉的山腰,属亚热带典型的常绿阔叶林带,山清水秀,环境优美,空气清新(图8-27,图8-28),非常适宜崀山铁皮石斛生长(表8-1)。这些苗长势非常旺盛,表现出崀山铁皮石斛强劲的优良特性(图8-29~图8-32)。同时圃地已形成良好的生态系统,栽培基质上生长出各种大型真菌(图8-33~图8-35),分解基质中有机物,供应铁皮石斛生长所需的各种营养;同时还有许多青蛙"义务"捕捉害虫(图8-36,图8-37)。

▼ 图8-26 舜皇山刘叙仲树上栽培野生铁皮石斛生长情况

图 8-27 亚热带常绿阔叶林景观
图 8-28 铁皮石斛种植地环境特征

新宁县铁皮石斛栽培生长情况 89

图 8-29 崀山铁皮石斛刚刚种植的苗
图 8-30 第二批崀山铁皮石斛越冬苗

图 8-31 崀山铁皮石斛栽培1年2个月后生长情况
图 8-32 广南铁皮石斛栽培1年1个月后生长情况

图 8-33 种植床上大型真菌局部特征
图 8-34 种植床上生长的真菌
图 8-35 种植床上部分区域生长出各种大型真菌

图 8-36 种植床栽培基质上的蛙类动物
图 8-37 种植床栽培基质上的蛙类动物

表8-1 至2012年7月27日湖南省新宁县黄龙镇茶亭村甘冲铁皮石斛栽培基地铁皮石斛生长状况

批次	种源	栽植时间	5丛苗中						备注	栽培丛数
			平均新生茎条数(条)	最多新生茎条数(条)	平均茎高度(厘米)	最高茎高度(厘米)	平均叶片数	最多叶片数		
2	云南良种	2011.06.28	3.4	5	5	12.5	5.8	7	长势旺 未封顶	6900
3	崀山	2011.09.01	4.2	8	5	8.7	7	10	长势旺 未封顶	12000
4	崀山	2011.10.11	2.8	4	4	6	5.4	7	长势旺 未封顶	1000
5	崀山	2012.04.09	3.4	6	1	2.5	2.6	4	长势旺 未封顶	14000

REFERENCES
参考文献

白音, 包英华, 金家兴, 阎玉凝, 王文全. 2006. 我国药用石斛资源调查研究[J]. 中草药, 37(09): 附4-附6.

包雪声, 顺庆生, 陈立钻. 2001. 中国药用石斛彩色图谱[M]. 上海：上海医科大学出版社.

查学强, 王军辉, 潘利华, 等. 2007. 石斛多糖体外抗氧化活性的研究[J]. 食品科学, 28(10): 90-93.

陈晓梅, 肖盛元, 郭顺星. 2006. 铁皮石斛与金钗石斛化学成分的比较[J]. 中国医学科学院学报, 28(04): 524-529.

陈心启, 罗毅波. 2003. 中国兰科植物研究的回顾与前瞻[J]. 植物学报, 45(增刊): 2-20.

淳泽. 2005. 药用石斛的资源危机与保护对策[J]. 资源开发与市场, 21(2): 139-140.

邓敏贞, 黎同明. 2012. 石斛合剂对衰老大鼠的丙二醛、超氧化物歧化酶、过氧化脂质及免疫功能的影响研究[J]. 中医学报, 27(01):58-59.

丁亚平, 吴庆生, 于力文. 1998. 铁皮石斛最佳采收期的理论探讨[J]. 中国中药杂志, 23(08): 458.

冯杰, 杨生超, 萧凤回. 2011. 铁皮石斛人工繁殖和栽培研究进展[J]. 现代中药研究与实践, 25(01): 81-85.

吉占和. 1999. 石斛属[M]//吉占和, 陈心启, 罗毅波, 朱光华 编著. 中国植物志 19卷. 67-1462页. 北京：科学出版社.

李玲, 邓晓兰, 赵兴兵, 曾勇, 欧阳冬生. 2011. 铁皮石斛化学成分及药理作用研究进展[J]. 肿瘤药学, 1 (2) :90-94.

李明焱, 谢小波, 朱惠照, 郑化先, 魏美芝, 朱卫东. 2011. 铁皮石斛新品种"仙斛1号"的选育及其特征特性研究[J]. 中国现代应用药学, 28: 281-284.

黎万奎, 胡之璧, 周吉燕. 2008. 人工栽培铁皮石斛与其他来源铁皮石斛中氨基酸与多糖及微量元素的比较分析[J]. 上海中医药大学学报, 22(04): 80-83.

黎英, 赵亚平, 陈蓓怡等. 2004. 5种石斛水提物对活性氧的清除作用[J]. 中草药,

35(11): 1240-1242.

刘虹, 罗毅波, 刘仲健. 2013 以产业化促进物种保护和可持续利用的新模式: 以兰花为例[J]. 生物多样性 21: 132-135.

刘仲健, 张玉婷, 王玉, 黄启华, 陈心启, 陈利君. 2011. 铁皮石斛 (*Dendrobium catenatum*) 快速繁殖的研究进展——兼论其学名与中名的正误[J]. 植物科学学报, 29(6): 636-645.

屠国昌. 2010. 铁皮石斛的化学成分、药理作用和临床应用[J]. 海峡药学, 22(2): 70-71.

王世林, 郑光植, 何静波. 1988. 黑节草多糖的研究[J]. 云南植物研究, 10(4): 389-395.

张光浓, 毕志明, 王峥涛, 徐珞珊, 徐国钧. 2003. 石斛属植物化学成分研究进展[J]. 中草药, 34(1): 1005-1008.

赵嘉, 吕圭源, 陈素红. 2009. 石斛"性味归经"的相关药理学研究进展[J]. 浙江中医药结合杂志, 19(6): 388-390.

中华人民共和国卫生部药典委员会. 2010. 中华人民共和国药典 (一部)[M]. 北京: 中国医药科技出版社. 265.

Cribb P J, Kell S P, Dixon K W, Barrett R L. 2003. Orchid conservation: a global perspective[M]. In: Dixon K W, Kell S P, Barrett R L, Cribb P J, eds. Orchid conservation. Natural History Publications, Kota Kinabalu, Sabah, 1-24.

Handa S S. 1986. Orchids for drugs and chemicals. In: Vij SP ed. Biology, Conservation and Culture of Orchids[M]. East-West Press, New Delhi, India, 889-900.

Hu S Y. 1970. *Dendrobium* in Chinese medicine[J]. Economical Botany, 24(02): 165-174.

Li Y, Li F, Gong Q H, Wu Q, Shi J S. 2010. Inhibitory effects of *Dendrobium* alkaloids on memory impairment induced by lipopolysaccharide in rats[J]. Planta Medica, 77(02): 117-121.

Ng T B, Liu J Y, Wong J H, Ye X J, Sze SCW, Tong Y, Zhang K Y. 2012. Review of research on *Dendrobium*, a prized folk medicine[J]. Applied Microbiology and Biotechnology, 93(05): 1795-1803.

Wood H P. 2006. The Dendrobiums[M]. Gantner Verlag, Ruggell, 1-847.

POSTSCRIPT

后　记

　　种了5年铁皮石斛，写了上面一些文字，是初学者的一些粗浅认识。我是林业工作者，采种、育苗、造林是我的专业，然而，铁皮石斛的栽培与树木的栽培，完全不同。铁皮石斛是无土栽培，不要一点土，强调透气良好；造林则恰恰相反，需要深厚肥沃的土壤。

　　我认为铁皮石斛是植物中的"鬼灵精"，神秘莫测，变化无常，很难摸透它的"脾气"。因此，栽培铁皮石斛要有耐心、恒心、细心、信心。只有具备这"四心"，才有可能成功。栽培第一年的瓶苗，只长几片叶，高不过2～3厘米，真急死人，然而这正是它为来年快速生长打基础的时候。如果没有耐心，放弃管理，就会前功尽弃，一事无成。

　　整个铁皮石斛的栽培过程，就像母亲带小孩一样，每天重复着吃、喝、拉、洗等琐碎、繁杂的家务工作，没有这些，小孩长不大，成不了才。同样，铁皮石斛的栽培，每天都要重复着繁杂的管理工作。没有这些工作，铁皮石斛就长不大，达不到预期的目的。所以，种植铁皮石斛一定要有恒心，而工作上深入细致观察，发现问题及时处理，这就是细心。

　　栽培铁皮石斛的过程，就是磨炼人的意志的过程。只有不断解决栽培中遇到的各种难题，才能获取"真经"。铁皮石斛是一本"无字天书"，还有许多秘密等待我们去研究、发现！

罗仲春
2013年3月15日

ACKNOWLEDGEMENTS

致 谢

我们在参加科技部"十一五"国家科技支撑计划项目[2008BA39B05]"中国重要生物物种资源监测和保育关键技术"的"珍稀濒危鸟类和植物繁殖技术与示范"课题，"重要兰科植物的繁育技术示范"专题研究时，其中的铁皮石斛课题研究组组长海南大学宋希强教授提供了前期基础栽培技术，并于2008年至2010年多次亲临现场进行技术指导。同时，在2009年至2010年还多次得到河南信阳师范学院张苏锋教授的现场技术指导。2010年至2012年中国科学院华南植物园段俊研究员也多次来新宁对铁皮石斛的栽培进行技术指导。在5年栽培试验过程中，种植户何烈熙、陈军、蒋达财、陈孝柏、刘叙仲、刘叙勇等同志付出了创造性劳动。湘斛种植科技开发有限公司、崀山珍稀植物研究所提供了大棚栽培的宝贵样本与经验。本书就是在总结新宁县各种植基地的经验教训基础上完成的。最后，本书的出版，受益于新宁县林业局的大力支持，得到周光辉局长及其他领导的热心帮助和鼓励，并在经费上给予照顾。在此一并致谢！

编著者

2013年4月